电子信息前沿技术丛书

Image Processing and Machine Learning Volume 2
Advanced Topics in Image Analysis and Machine Learning

图像处理和机器学习
（下册）　图像分析和机器学习

[墨] 埃里克·奎亚斯（Erik Cuevas）
　　 阿尔玛·纳耶丽·罗德里格斯（Alma Nayeli Rodriguez）／著
　　 章毓晋／译

清华大学出版社
北　京

北京市版权局著作权合同登记号　图字：01-2024-4523

Image Processing and Machine Learning, Volume 2: Advanced Topics in Image Analysis and Machine Learning /1st Edition / by Erik Cuevas, Alma Nayeli Rodriguez / ISNB：9781032660325

© 2024 Erik Cuevas and Alma Rodríguez

Authorized translation from English language edition published by CRC Press, a member of the Taylor & Francis Group.；All rights reserved.本书原版由 Taylor & Francis 出版集团旗下，CRC 出版公司出版，并经其授权翻译出版。版权所有，侵权必究。

Tsinghua University Press is authorized to publish and distribute exclusively the Chinese (Simplified Characters) language edition. This edition is authorized for sale in the People's Republic of China only, excluding Hong Kong, Macao SAR and Taiwan. No part of the publication may be reproduced or distributed by any means, or stored in a database or retrieval system, without the prior written permission of the publisher. 本书中文简体翻译版授权由清华大学出版社独家出版。此版本仅限在中华人民共和国境内（不包括中国香港、澳门特别行政区和中国台湾地区）销售。未经出版者书面许可，不得以任何方式复制或发行本书的任何部分。

Copies of this book sold without a Taylor & Francis sticker on the cover are unauthorized and illegal.

本书封面贴有 Taylor & Francis 公司防伪标签，无标签者不得销售。

版权所有，侵权必究。举报：010-62782989，beiqinquan@tup.tsinghua.edu.cn。

图书在版编目（CIP）数据

图像处理和机器学习. 下册, 图像分析和机器学习 /（墨）埃里克·奎亚斯，（墨）阿尔玛·纳耶丽·罗德里格斯著；章毓晋译. -- 北京：清华大学出版社，2025.4. --（电子信息前沿技术丛书）. -- ISBN 978-7-302-68792-4

Ⅰ. TN911.73；TP181；TN919.8

中国国家版本馆 CIP 数据核字第 2025AB1407 号

责任编辑：文　怡　李　晔
封面设计：王昭红
责任校对：王勤勤
责任印制：杨　艳

出版发行：清华大学出版社
　　　　网　　　址：https://www.tup.com.cn, https://www.wqxuetang.com
　　　　地　　　址：北京清华大学学研大厦 A 座　　　邮　　编：100084
　　　　社 总 机：010-83470000　　　邮　　购：010-62786544
　　　　投稿与读者服务：010-62776969, c-service@tup.tsinghua.edu.cn
　　　　质 量 反 馈：010-62772015, zhiliang@tup.tsinghua.edu.cn
　　　　课 件 下 载：https://www.tup.com.cn, 010-83470236
印　装　者：三河市铭诚印务有限公司
经　　　销：全国新华书店
开　　　本：185mm×260mm　　　印　张：9.75　　　字　数：234 千字
版　　　次：2025 年 5 月第 1 版　　　印　次：2025 年 5 月第 1 次印刷
印　　　数：1～1500
定　　　价：49.00 元

产品编号：108797-01

译者序

Foreword

本书译自 *Image Processing and Machine Learning*（《图像处理与机器学习》）一书的下册。原书精选了图像处理方面的一些典型内容，又结合了机器学习的一些基本概念；既包含经典的图像处理技术，还包含人工智能中机器学习的方法。原书整体先修要求较低，篇幅紧凑，重点突出，可作为相关工程技术专业的教材或参考书。

为了方便学习和使用，作者将原书的全部内容分为上下两册。本书作为下册，主要介绍图像处理较深入的内容（图像分析），还结合了相关的机器学习内容，可以作为计算机类和电子信息类以外其他专业人员进一步了解更多图像处理技术的相关课程的教材。可在学习上册内容后的基础上完成下册的学习。

本书对抽象概念的介绍浅显易懂，直观性好。书中在给出基础概念的描述性定义后，多举出一个带有具体数据的示例，或给出相应的实际图片，以帮助读者直观和快速地理解内容含义。书中还给出了若干图像处理重要算法的 MATLAB 代码，并展示了操作处理的结果。对有些算法，不仅采用了 MATLAB 编程，还与 MATLAB 的图像处理工具箱中的已有函数进行了对比。这样做除了可以进一步加强学习理解的效果，也可让读者借此参照进行实践练习，或直接应用于工程项目。

从结构上看，本书共有 6 章正文，包括 41 节，80 小节。全书共有编了号的图 110 个、表 10 个、公式 236 个，以及 8 个算法和 19 个 MATLAB 程序。本书各章中引用的参考文献均直接附在各章后。本书除可作为各种相关工程专业的学生学习的精炼且实用的教材外，也可供涉及相关领域科技开发和技术应用、具有不同专业背景的技术人员自学参考。

本书的翻译基本忠实于原书的整体结构、描述思路、文字风格和图表形式。对明显的印刷错误，直接进行了修正。另外，根据中文图书的出版规范进行了一些字体调整，如将原文中矢量和矩阵均改用了黑斜体表示。

为教学方便起见，译者为每章均配备了讲课视频（PPT 讲稿＋语音讲解），供教学参考和使用（在每章标题处扫描二维码即可下载）。部分彩图可扫描书中二维码查看，便于阅读。

最后，译者感谢妻子何芸、女儿章荷铭等家人在各方面的理解和支持。

章毓晋

2024 年国庆节于书房

通信：北京清华大学电子工程系，100084

邮箱：zhang-yj@tsinghua.edu.cn

主页：oa.ee.tsinghua.edu.cn/zhangyujin/

前言
Preface

图像处理具有重要意义,因为它能够增强和处理各个领域的图像。图像处理发挥关键作用的一个突出领域是医学成像。在这里,它对医学图像的分析和诊断做出了重大贡献,包括 X 射线、CT 扫描和 MRI 图像。通过使用图像处理技术,医疗保健专业人员可以提取有价值的信息,实现更准确的诊断和治疗计划。监控系统也严重依赖图像处理算法。这些算法有助于物体检测、跟踪和图像质量的提高,从而提高监视操作的有效性。此外,图像处理算法支持面部识别,增强了各种应用中的安全措施。遥感应用也极大地受益于图像处理技术。通过使用这些技术,可以分析卫星和航空图像,以监测环境、管理资源,并为科学研究和决策提供有价值的见解。多媒体应用程序,包括照片编辑软件和视频游戏,利用图像处理来增强和操纵图像,以获得最佳显示质量。这些应用程序利用算法来调整亮度、对比度、颜色和其他视觉属性,可增强用户的视觉体验。

机器学习(ML)是人工智能(AI)的一个分支,它使系统能够从数据中学习,并在不需要常规编程的情况下做出明智的预测或决策。ML 在各个领域都有广泛的应用。例如,在自动化中,ML 算法可以自动地执行原本依赖人工干预的任务,从而减少错误并提高整体效率。预测分析是 ML 发挥关键作用的另一个领域。通过分析庞大的数据集,ML 模型可以检测模式并进行预测,推动股市分析、欺诈检测和客户行为分析等应用。ML 也有助于决策过程,因为它的算法基于数据提供了有价值的见解和建议,帮助机构做出更明智和优化的决策。总体来说,ML 是人工智能中一个强大的领域,为自动化任务、生成预测和支持各个领域的决策过程提供了巨大的潜力。

图像处理和机器学习的集成利用两个领域的技术来分析和理解图像。采用图像处理技术,包括滤波、分割和特征提取,对图像进行预处理。随后,ML 算法开始发挥作用,通过分类、聚类和目标检测等任务来分析和解释处理后的数据。最终目标是利用每个领域的优势,构建能够在无须人工干预的情况下自主分析和理解图像的计算机视觉系统。这种融合允许图像处理技术提高图像质量,从而提高 ML 算法的性能。同时,ML 算法使图像的分析和解释自动化,从而减少了对人工干预的依赖。通过将这两个领域结合起来,实现了强大的协同作用,从而开发出稳健高效的图像分析和理解系统。

我们的主要目标是编写一本全面的教科书,将之作为图像处理课程的有用资源。为此,我们精心安排内容,涵盖了流行图像处理方法的理论基础和实际应用。从像素运算到几何变换,从空间滤波到图像分割,从边缘检测到彩色图像处理,完全涵盖了处理和理解图像所必需的广泛主题。此外,因为认识到 ML 在图像处理中日益增强的相关性,所以引入了基本的 ML 概念及其在该领域的应用。通过介绍这些概念，旨在为读者提供必要的知识，利用 ML 技术执行各种图像处理任务。我们的最终愿望是让全书成为学生和从业者的有用工具，让他们对图像处理的基本原理有一个扎实的理解，并能够在现实世界中应用这些技术。

为了涵盖所有重要信息，有必要包括许多章节和程序。因此，全书包含了大量的内容和编程示例。然而，一本包含多个章节和程序的单册书可能会让读者应接不暇，因此我们决定将全书分为两册。进行拆分的主要目的是确保读者恰当地处理和理解全书内容。通过将内容分为两册，使得全书变得更容易理解和使用，防止读者被巨量信息所淹没。这种深思熟虑的划分有助于获得更顺畅的学习体验，使读者能够更有效地浏览和深入研究内容，并以自己的节奏掌握概念和技术。总的来说，将全书分为两册的决定旨在优化读者对本书提供的大量材料和程序的理解效果和参与感。

为了确保读者能够有效地浏览和领悟全书内容，我们决定将其分为两册：上册为《图像处理基础》，下册为《图像分析和机器学习》。

上册涵盖了图像处理的基本概念和技术，包括像素操作、空间滤波、边缘检测、图像分割、角点检测和几何变换。它为读者理解图像处理的核心原理和实际应用奠定了坚实的基础，并为该领域的进一步探索奠定了必要的基础。在从上册获得的知识的基础上，下册更多关注图像分析中更深入的内容，包括形态滤波器、彩色图像处理、几何变换、图像匹配识别、基于特征使用均移(MS)算法的分割，以及奇异值分解(SVD)在图像压缩中的应用。此外，下册还结合了应用于图像处理的几种重要 ML 技术。认识到 ML 在图像分析中日益增长的重要性及其增强图像处理任务的潜力，下册中整合了相关的 ML 方法。综合性的下册扩展了上册的基础知识，使读者能够深入研究图像处理的更复杂方面，同时也融入了 ML 技术的力量。

将全书分为两册，使得每一册都能单独作为独立的、自包含的资源，这意味着读者可以灵活地学习或温习每一册的内容，而不必依赖另一册的上下文或理解。通过独立的结构使读者能够采用模块化的方法，根据需要关注特定主题或重新阅读特定章节。这一划分，读者能够根据个人需求和偏好灵活地使用全书，增强他们的学习体验，并促进对内容的更有针对性的探索。

基于从上册获得的基础知识，下册探讨图像分析中更深入的主题，以及这些主题与 ML 强大技术之间的相互关系。除了这些深入的图像处理概念和技术外，下册还探讨了 ML 技术在图像分析中的集成。认识到 ML 在该领域日益增长的重要性，本册中纳入了相关的 ML 方法。通过理解和应用这些 ML 技术，可以解锁图像分析的新维度，并增强图像处理工作流的功能。

在回顾了大量考虑图像处理技术和 ML 概念的书籍后，作者发现它们的一个共同趋势是以具有坚实数学背景的读者为目标。认识到需要一种更具包容性、技术重点更少的方式，作者考虑创作一本能够吸引更多读者和学生的书。全书涵盖了其他可比文献中的所有基本主题，但特别强调了方法的清晰解释、实际实施和现实应用。其目的是尽量减少对复杂数学细节的强调，同时优先考虑对概念的全面理解和实际应用。通过采用这种方式，全书旨在使图像处理技术和 ML 概念更容易被更广泛的读者所接受和吸引，并确保读者获得充实和启发性的学习体验。

全书不仅涵盖了图像处理和ML方面的高级概念和技术,还强调了对大量代码和实现的包含。作者认识到这一方面促进了对内容全面理解的重要性。即使是数学能力很强的读者,在观察到代码中实现的方法之前,也可能会遇到完全掌握特定方法的挑战。通过提供算法和方法的代码实现,可以减少混淆或不确定性,从而增强理解和知识转移。这种方法使读者能够在全书中不断进步,从较简单的方法开始,逐渐进展到更复杂的方法。借助实现的代码关注计算方面,读者可以直观地观察各种模型,增强数学领悟力,更深入地理解主题。

虽然其他可比较的书籍通常优先考虑该学科的理论方面,或提供算法开发的一般方法,但全书根据我们的教学经验采取了不同的方法。我们观察到,当学生能够访问他们可以操作和实验的代码时,会更有效地掌握内容。与此相一致,全书使用MATLAB作为实现系统的编程语言。MATLAB在工程师中广受欢迎,并为各个学科提供了广泛的函数库。尽管其他编程语言,如Java、R、C++和Python也在工程中使用,但MATLAB因其独特的功能和在该领域从业者中的熟悉度而脱颖而出。通过使用MATLAB,我们旨在为读者提供实用和动手的体验,使他们能够修改和探索代码,进一步增强他们对概念的理解,并培养他们在现实世界场景中应用这些技术的能力。

图像处理和ML中使用的大量计算方法对初学者来说可能过于困难,这主要是由于其中涉及大量数学概念和技术。虽然一些实用书籍试图通过介绍已有的各种方法来应对这一挑战,但它们可能无法充分满足问题假设的情况,因此需要修改或调整算法。为了突破这一局限性,全书能否提供领会和理解基础数学所需的概念变得至关重要。全书的目的是通过对常用算法、流行的图像处理和ML方法进行全面而可接受的探索,并强调保持严谨性,从而达到一种平衡。通过实现这种平衡,全书旨在为读者提供必要的概念基础,使他们能够在图像处理和ML的复杂环境中导航,同时培养他们修改和调整算法以适应特定要求的能力。

虽然图像处理方法通常涉及复杂的数学概念,但即使不深入了解其数学基础,也可以使用这些模型。对许多读者来说,学习图像处理和ML的一种更容易实现的方法是通过编程,而不是复杂的数学方程。认识到这一点,本书旨在满足这一目标,提供实用和方便的学习体验。通过强调编程实现和应用程序,我们努力使读者能够以可接近的方式掌握图像处理和ML的概念和技术。我们的目标是弥合理论和实践之间的差距,使读者能够在现实世界中有效地应用这些方法,即使他们的数学知识可能有限。

为了有效地教授图像处理和ML,将理论知识与实际的计算机练习相结合是有益的,可以使学生能够编写自己的图像数据处理代码。这种实践方法使学生能够更深入地理解所涉及的原理和技术。鉴于图像处理原理在ML和数据分析等各个领域都有应用,因此对精通这些概念的工程师的需求越来越大。因此,许多大学通过提供涵盖最常用的图像处理技术的综合课程来满足这一需求。图像处理被广泛认为是一门非常实用的学科,它通过展示如何将图像变换转换为代码来激发学生的灵感,从而产生视觉上吸引人的效果。通过将理论与实践练习相结合,读者可掌握在现实世界场景中有效应用图像处理技术的必要技能和知识,为应对该领域的挑战和机遇做好准备。

本书的内容选择经过深思熟虑,重点是它在教学环境中的适用性。因此,它是一本为科学、电气工程和计算数学领域的本科生和研究生量身定制的综合性教材,特别适合"图像处理""计算机视觉""人工视觉""图像理解"等课程。本书旨在为一个完整的学期提供支持涵盖整个课程的必要材料，并确保攻读这些科目的学生获得全面的学习体验。

下册的组织方式使读者能够轻松地理解每一章的目标，使用 MATLAB 程序的实践练习可加强理解。下册共 6 章，每一章的细节如下：

第 1 章分析、应用和操作形态学滤波器，该滤波器使用结构元素来改变图像结构。这些滤波器用于二值图像和灰度图像。

第 2 章讨论了彩色图像的处理。本章的中心点是借助彩色表达和转换将现有的图像处理方法用于颜色图像处理的编程技术。

第 3 章描述了图像像素之间的几何运算。使用几何运算，可以使图像变形。换句话说，像素值可以改变它们的位置。这类操作的示例包括位移、旋转、缩放或扭曲。几何运算在实践中被广泛使用，特别是在当前和现代的图形用户界面与视频游戏中。

本书的后半部分考虑了图像处理与 ML 的集成，探讨了如何使用 ML 算法求解图像处理公式。这一部分由 3 章组成，每章的细节如下：

第 4 章讨论了图像匹配或定位图像中已知部分的问题，该部分通常被描述为模式。为了检测模式，选择了相关方法。这种类型的问题在诸如在立体视觉中搜索参考点、确定场景中特定目标的位置或对图像序列中目标的跟踪等应用中是典型的。

第 5 章讨论了从特征的角度对图像进行分割。均值偏移（MS）方案对应已经广泛用于分割的聚类方法。本章讨论了使用 MS 算法进行分割的方法。

第 6 章考虑了将奇异值分解（SVD）用于图像压缩。SVD 是计算中重要的矩阵分解范式之一。SVD 提供了一种数值稳定的矩阵分解，可以用于多种目的，并可保证其存在。这些 ML 概念可以应用于图像处理，例如压缩和模式鉴别。

在 5 年多的时间里，我们测试了将这些材料展现给不同受众的多种方式。此外，我们的学生，主要是墨西哥瓜达拉哈拉大学的 CUCEI 学生，给予了极大的宽容。所有与同事的合作、协助和讨论也可以写成一章。致所有人，我们的感恩见证。

埃里克·奎亚斯

阿尔玛·纳耶丽·罗德里格斯

瓜达拉哈拉，哈利斯科，墨西哥

目录

CONTENTS

第1章 形态学运算 ……………… 1

  1.1 结构的缩小和增大 …… 1
  1.2 基本形态学运算 ……… 3
    1.2.1 参考结构 ………… 3
    1.2.2 点集 ……………… 3
    1.2.3 膨胀 ……………… 4
    1.2.4 腐蚀 ……………… 4
    1.2.5 膨胀和腐蚀的性质 ……………… 5
    1.2.6 形态学滤波器的设计 ……………… 5
  1.3 二值图像中的边缘检测 …… 7
  1.4 形态学运算的组合 …… 8
    1.4.1 开启 ……………… 8
    1.4.2 闭合 ……………… 9
    1.4.3 开启和闭合运算的性质 ……………… 9
    1.4.4 击中-击不中变换 … 9
  1.5 灰度图像的形态学滤波器 ……………… 11
    1.5.1 参考结构 ………… 11
    1.5.2 灰度图像的膨胀和腐蚀 ……………… 11
    1.5.3 灰度图像的开启和闭合 ……………… 13
    1.5.4 高帽变换和低帽变换 ……………… 15

  1.6 形态学运算的 MATLAB 函数 ………………… 15
    1.6.1 斯太尔函数 ……… 15
    1.6.2 用于膨胀和腐蚀的 MATLAB 函数 … 17
    1.6.3 涉及开启和闭合操作的 MATLAB 函数 ……………… 18
    1.6.4 成功或失败的变换（击中-击不中）…… 18
    1.6.5 函数 bwmorph … 18
    1.6.6 凸分量的标记 …… 20
  参考文献 ………………… 22

第2章 彩色图像 ……………… 23

  2.1 RGB 图像 ……………… 23
    2.1.1 彩色图像的组合 … 24
    2.1.2 全色图像 ………… 24
    2.1.3 索引图像 ………… 25
  2.2 RGB 图像的直方图 …… 26
  2.3 彩色模型和彩色空间转换 ………………… 28
    2.3.1 将 RGB 图像转换为灰度图像 ………… 28
    2.3.2 没有彩色的 RGB 图像 ……………… 29

2.3.3 减少彩色图像的饱和度 …………… 29
2.3.4 HSV 和 HSL 彩色模型 …………… 29
2.3.5 从 RGB 到 HSV 的转换 …………… 30
2.3.6 从 HSV 到 RGB 的转换 …………… 31
2.3.7 从 RGB 到 HSL 的转换 …………… 32
2.3.8 从 HSL 到 RGB 的转换 …………… 33
2.3.9 HSV 和 HSL 模型的比较 …………… 33
2.4 YUV、YIQ 和 YCbCr 彩色模型 …………… 35
  2.4.1 YUV 模型 …………… 35
  2.4.2 YIQ 模型 …………… 36
  2.4.3 YCbCr 模型 …………… 36
2.5 用于打印图像的有用彩色模型 …………… 37
  2.5.1 从 CMY 到 CMYK 的变换(版本 1) …………… 37
  2.5.2 从 CMY 到 CMYK 的变换(版本 2) …………… 38
  2.5.3 从 CMY 到 CMYK 的变换(版本 3) …………… 38
2.6 色度模型 …………… 38
  2.6.1 CIEXYZ 彩色空间 …………… 38
  2.6.2 CIE 色度图 …………… 39
  2.6.3 照明标准 …………… 40
  2.6.4 色度适应 …………… 40
  2.6.5 色域 …………… 41
2.7 CIE 彩色空间的变型 …………… 42
2.8 CIE 的 $L^*a^*b^*$ 模型 …………… 42
  2.8.1 从 CIEXYZ 到 $L^*a^*b^*$ 的变换 …………… 42
  2.8.2 从 $L^*a^*b^*$ 到 CIEXYZ 的变换 …………… 43
  2.8.3 确定彩色差别 …………… 43
2.9 sRGB 模型 …………… 43
2.10 彩色图像处理的 MATLAB 函数 …………… 44
  2.10.1 处理 RGB 和索引图像的函数 …………… 44
  2.10.2 彩色空间转换的函数 …………… 48
2.11 彩色图像处理 …………… 49
2.12 线性彩色变换 …………… 49
2.13 彩色图像的空域处理 …………… 51
  2.13.1 彩色图像平滑 …………… 51
  2.13.2 用 MATLAB 平滑彩色图像 …………… 52
  2.13.3 彩色图像的锐化增强 …………… 53
  2.13.4 用 MATLAB 锐化彩色图像 …………… 53
2.14 彩色图像的矢量处理 …………… 54
  2.14.1 彩色图像中的边缘检测 …………… 54
  2.14.2 用 MATLAB 检测彩色图像中的边缘 …………… 56
参考文献 …………… 58

第 3 章 图像几何运算 …………… 60
3.1 坐标变换 …………… 61
  3.1.1 简单变换 …………… 61
  3.1.2 齐次坐标 …………… 62
  3.1.3 仿射变换(三角变换) …………… 62
  3.1.4 投影变换 …………… 66
  3.1.5 双线性变换 …………… 69
  3.1.6 其他非线性几何变换 …………… 71

3.2 坐标重赋值 …………… 76
　3.2.1 源-目标映射 ……… 77
　3.2.2 目标-源映射 ……… 77
3.3 插值 ……………………… 78
　3.3.1 简单插值方法 …… 78
　3.3.2 理想插值 ………… 79
　3.3.3 立方插值 ………… 79
3.4 混叠 ……………………… 82
3.5 MATLAB 中的几何
　　变换函数 ………………… 82
参考文献 ……………………… 85

第 4 章 图像比较和识别 …………… 86

4.1 灰度图像的比较 ………… 86
　4.1.1 模式间的距离 …… 86
　4.1.2 距离和相关 ……… 90
　4.1.3 归一化的互相关 … 92
　4.1.4 相关系数 ………… 93
4.2 利用相关系数的
　　模式识别 ………………… 96
4.3 二值图像的比较 ………… 100
　4.3.1 距离变换 ………… 101
　4.3.2 斜面算法 ………… 101
4.4 斜面指标 ………………… 104
参考文献 ……………………… 107

第 5 章 用于分割的均移算法 ……… 108

5.1 引言 ……………………… 108

5.2 核密度估计(KDE)和
　　均移方法 ………………… 110
5.3 密度吸引子点 …………… 113
5.4 连续自适应均移分割 …… 114
　5.4.1 特征定义 ………… 114
　5.4.2 操作数据集 ……… 115
　5.4.3 MS 算法的操作 … 115
　5.4.4 包含非活动数据 … 117
　5.4.5 合并非代表性
　　　　 聚类 …………… 117
　5.4.6 计算过程 ………… 119
5.5 分割过程的结果 ………… 121
　5.5.1 实验设置 ………… 121
　5.5.2 性能指标 ………… 121
　5.5.3 比较结果 ………… 123
参考文献 ……………………… 128

第 6 章 图像处理中的奇异值分解 … 132

6.1 引言 ……………………… 132
6.2 计算 SVD 元素 ………… 134
6.3 数据集的近似 …………… 134
6.4 SVD 用于图像压缩 …… 135
6.5 主分量分析 ……………… 137
6.6 协方差主分量 …………… 137
6.7 相关主分量 ……………… 139
参考文献 ……………………… 141

第1章

形态学运算

中值滤波器具有修改图像中存在的 2-D 结构的能力。这包括消除结构的角点、使其变圆，或者消除点或细结构，如线或小的伪影（见图 1.1）等。因此，中值滤波器有选择地对局部图像结构的形状给出反应。然而，该滤波器的运算（操作）不能以可控的方式使用；也就是说，它不能用来修改考虑特定方法时的图像结构。

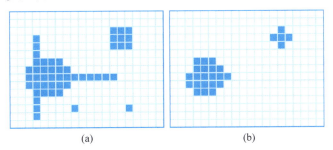

图 1.1　将 3×3 中值滤波器用于二进制图像
(a) 原始图像；(b) 滤波运算后的结果

形态学滤波器最初被设想用于二进制图像，即像素只有两个可能值：1 和 0，即白色和黑色的图像[1]。二进制图像存在于大量的应用中，尤其是在文档处理中。

以下将把结构的像素定义为对应 1 的像素，把背景的像素定义为对应 0 的像素。

1.1　结构的缩小和增大

上册 2.8.2 小节介绍的 3×3 中值滤波器可以应用于二值图像，以减少大的结构，消除小的结构。因此，中值滤波器可用于消除尺寸小于中值滤波器尺寸的结构（以 3×3 的情况为例）。

基于这些结果，可以考虑一个问题：是否有一种运算可以通过使用大小和形状确定的结构来修改图像中的元素？

中值滤波器的效果是有吸引力的。然而，尽管中值滤波器可以消除小结构，但也可能影响大结构。另一种可以被认为更好并且能够控制图像结构的方法基于以下原理（见图 1.2）：

(1) 图像中的所有结构都被缩小,结果是简单地消除了小结构。
(2) 通过收缩,小结构被消除,而大结构被保留下来。
(3) 缩小的结构被增大,直到大的结构恢复其原始尺寸。

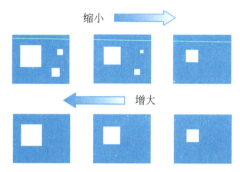

图 1.2　通过依次缩小并随后增大图像中的结构,可以去除小元素

从图 1.2 中可以明显看出,对于小结构的消除,只需要定义两种不同类型的运算：缩小和增大。缩小运算可以消除与背景接触的结构最外一圈的像素(见图 1.3)。在增大运算中,将一圈像素(属于背景)添加到结构中,使其尺寸增大(见图 1.4)。

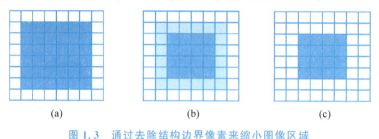

图 1.3　通过去除结构边界像素来缩小图像区域
(a)原始图像；(b)高亮显示结构边界像素；(c)去除边界像素

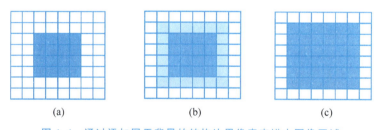

图 1.4　通过添加属于背景的结构边界像素来增大图像区域
(a)原始图像；(b)高亮显示属于背景的结构边界；(c)最终结构

在这两种类型的运算中,都需要确定两个像素之间建立邻域关系的方式。通常可以区分两种类型的邻域。

- **4-邻域**：在一个像素的这种邻域中,包含与该像素的上方、下方、左侧或右侧的有直接关系的相邻像素(见图 1.5(a))。
- **8-邻域**：在一个像素的这种邻域中,除了包含该像素的 4-邻域,还包含与该像素在对角线上有直接关系的相邻像素(见图 1.5(b))。

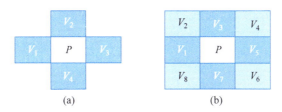

图 1.5 像素 P 的邻域的定义

(a) 定义为 P 的 4-邻域；(b) 定义为 P 的 8-邻域

1.2 基本形态学运算

缩小和增大运算是滤波器执行的两种基本形态学运算，与腐蚀和膨胀的物理过程密切相关[2]。这两个过程与 1.1 节定性描述的过程之间存在着有趣的关系。由于膨胀被认为是（面积或体积的）增大，腐蚀被认为是缩小，它们是运算的完美类比。在这种条件下，可以说，在图像结构中添加一圈像素会使结构膨胀，而从结构中移除一圈像素则会腐蚀结构。

1.2.1 参考结构

与线性滤波器的运算类似，有必要为形态学滤波器的运算定义系数矩阵。因此，有必要对一个称为参考结构的矩阵进行刻画。参考结构中仅包含元素 0 和 1。该结构的内容可以定义如下：

$$H(i,j) \in \{0,1\} \tag{1.1}$$

与滤波器系数矩阵一样，该结构也有自己的坐标系，其原点①为参考点（见图 1.6）。

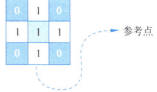

图 1.6 二值形态学运算的参考结构示例

1.2.2 点集

为对形态学运算进行形式化描述，将图像描述为元素可以由二维坐标指示的点集合更为实用。例如，一个二值图像 $I(x,y)$ 由一组点 P_I 组成，这些点具有对应像素值为 1 的点的坐标对。该集合可以定义如下：

$$P_I = \{(x,y) \mid I(x,y) = 1\} \tag{1.2}$$

如图 1.7 所示，利用上面公式定义的集合表示法，不仅可以描述图像，还可以描述参考结构。

使用此描述，可以用简单的方式定义对二进制图像执行的运算。例如，将像素值从 1 变换到 0；反之亦然，二进制图像的反转可以定义为补集，使得

$$P_{-I} = \overline{P_I} \tag{1.3}$$

其中，P_{-I} 定义为 I 的逆。同样，如果两幅二进制图像 I_1 和 I_2 是逐元素地通过逻辑函数 OR 连接，那么集合形式中该运算的定义可以表示如下：

$$P_{I_1 \cup I_2} = P_{I_1} \bigcup P_{I_2} \tag{1.4}$$

---

① 它之所以被称为参考点，是因为它并不一定是中心（不像在滤波器的系数矩阵中）。

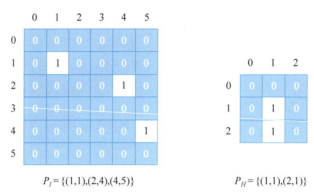

$P_I = \{(1,1),(2,4),(4,5)\}$ $P_H = \{(1,1),(2,1)\}$

图 1.7　二值图像 I 和参考结构 H 作为坐标 P_I 和 P_H 集合的描述

由于集合表示法是二进制运算的一种替代表示法，因此根据具体情况，考虑到描述的经济性和对运算的理解，也可以使用该表示法。例如，运算 $I_1 \cup I_2$ 的含义与 $P_{I_1} \cup P_{I_2}$ 的含义相同。

1.2.3　膨胀

膨胀是一种形态学运算，对应在图像结构中生长或添加一圈像素的直观想法[3]。具体的生长机制由参考结构控制。此运算在集合表示法中定义如下：

$$I \oplus H = \{(x',y') = (x+i, y+j) \mid (x',y') \in P_I, (i,j) \in P_H\} \quad (1.5)$$

如式(1.5)所示，涉及图像 I 及其参考结构 H 的膨胀的点集是由点集 P_I 和 P_H 的坐标对的所有可能组合来定义的。膨胀运算也可以被解释为将值为 1 的像素集合添加到图像（P_I）的结果。对应新元素圈的形状取决于参考结构。如图 1.8 所示，可写出：

$$I \oplus H = \{(1,1)+(0,0),(1,1)+(0,1),(1,2)+(0,0),$$
$$(1,2)+(0,1),(2,1)+(0,0),(2,1)+(0,1)\}$$

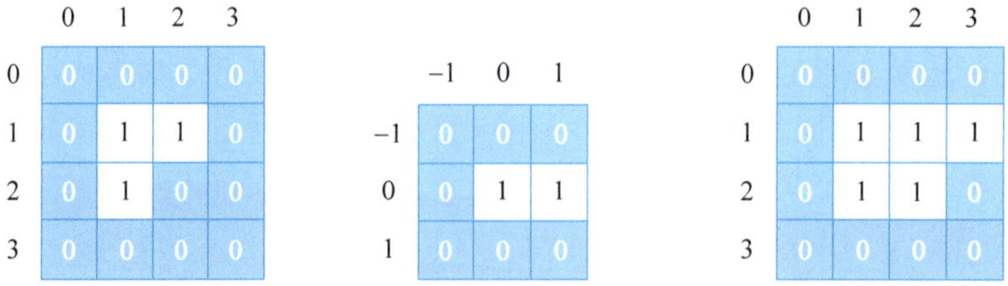

图 1.8　膨胀示例：使用 H 作为参考结构，将膨胀运算应用于二进制图像 I
（结构元素 H 被添加到图像 I 的每个值为 1 的像素上）

1.2.4　腐蚀

膨胀的准逆运算是腐蚀[4]，此运算在集合表示法中定义如下：

$$I \ominus H = \{(x',y') = (x+i, y+j) \in P_I (i,j), \forall (i,j) \in P_H\} \quad (1.6)$$

这个公式指出了这样一个事实，即对于结果图像中的每个点 (x',y')，在 I 中都可找到具有可能值的点 $(x'+i, y'+j)$。图 1.9 显示了图像 I 和参考结构 H 之间的腐蚀示例。

这个过程可以解释为：腐蚀结果的像素 (x',y') 是以该像素为中心的参考结构在形状

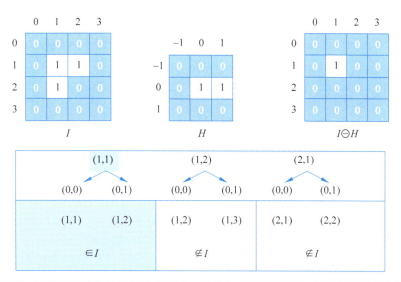

图 1.9 腐蚀示例：图像 I 通过参考结构 H 被腐蚀。从这个过程可以看出，如何将图像 I 中坐标为 (1,1) 的像素添加到参考结构的元素 (0,0) 和 (0,1) 上。在结果中，点 (1,1) 和 (1,2) 是图像 I 的一部分。因此，腐蚀的结果将是位置 (1,1) 处的像素。对于图像的其他像素，不满足此条件

上与图像内容一致的像素。图 1.9 显示了以图像像素 (1,1) 为中心的参考结构如何在形状上与图像内容一致，因此该像素的腐蚀结果为 1。

1.2.5 膨胀和腐蚀的性质

膨胀和腐蚀不能被视为严格意义上的逆运算，因为不可能通过连续应用膨胀来完全重建腐蚀的图像。这同样适用于相反的方向。然而，它们有着密切的对偶关系。可以通过腐蚀背景并添加值为 0 的像素来执行图像中值为 1 的像素的膨胀，这可以表示如下：

$$\overline{I \ominus H} = \overline{I} \oplus H \tag{1.7}$$

膨胀还是可交换的，因此可得到下式：

$$I \oplus H = H \oplus I \tag{1.8}$$

由此可见，与卷积类似，可以交换图像和参考结构进行膨胀。从这个性质可以看出，膨胀也是一种结合运算。因此可得到：

$$(I_1 \oplus I_2) \oplus I_3 = I_1 \oplus (I_2 \oplus I_3) \tag{1.9}$$

这种与执行运算的顺序不相关的性质很有用，因为通过这种方式，可以将参考结构分解为更小的结构，使得完整运算的速度更快（因为具体运算的数量会更少）。在这种条件下，膨胀运算可以表示如下：

$$I \oplus H = ((I \oplus H_1) \oplus H_2) \tag{1.10}$$

其中，H_1 和 H_2 对应于将参考结构 H 分解而得到的小参考结构。但是，腐蚀是不可交换的，即

$$I \ominus H \neq H \ominus I \tag{1.11}$$

1.2.6 形态学滤波器的设计

形态学滤波器是通过定义两个元素来指定的：它们执行的运算（腐蚀或膨胀），以及它们相应的参考结构。参考结构的大小和形状取决于应用。在实践中，图 1.10 所示的参考结

构是最常用的。当通过膨胀运算使用半径为 r 的圆盘形参考结构时,该参考结构将宽度为 r 的一圈像素添加到图像中的目标上。当相同的结构与腐蚀运算一起使用时,会发生相反的效果,因此在这种情况下,从图像中的目标上提取出宽度为 r 的一圈像素。考虑图 1.11(a) 为原始图像,图 1.11(b) 为参考结构,所得到的图像膨胀和腐蚀结果如图 1.12 所示(其中不同的 r 值对膨胀和腐蚀有不同的影响)。

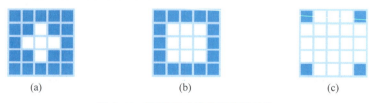

图 1.10　不同尺寸的典型参考结构

(a) 4-邻域结构;(b) 8-邻域结构;(c) 小圆盘结构

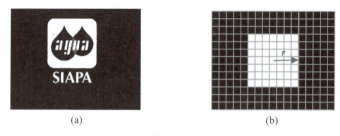

图　1.11

(a) 原始图像;(b) 示例中使用的参考结构,其中 r 定义了圆盘的尺寸

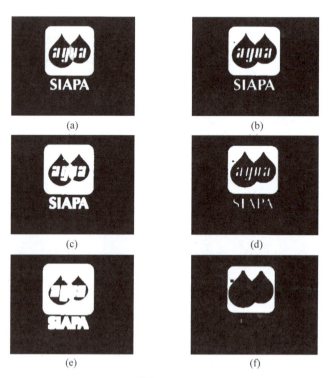

图　1.12

(a) $r=2$ 的膨胀;(b) $r=2$ 的腐蚀;(c) $r=5$ 的膨胀;(d) $r=5$ 的腐蚀;(e) $r=10$ 的膨胀;(f) $r=10$ 的腐蚀

用不同形状的参考结构进行形态学膨胀和腐蚀运算的其他一些结果如图 1.13 所示。

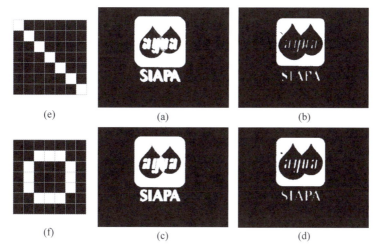

图 1.13　分别使用主对角线上值为 1 的参考结构(e)和圆形参考结构(f)进行二值膨胀和腐蚀
(a) 使用(e)的膨胀；(b) 使用(e)的腐蚀；(c) 使用(f)的膨胀；(d)：使用(f)的腐蚀

与(上册第 2 章的)空域滤波器不同，通常并不可能从 1-D 参考结构 H_x 和 H_y 创建 2-D 各向同性①滤波器 H。这是因为在两个参考结构之间建立的形态学运算总是产生新的正方形参考结构，因此不是各向同性的。

实现大尺寸形态学滤波器最常用的方法是迭代使用相同的小尺寸参考结构。在这样的条件下，前一个运算的结果再次用于具有相同参考结构的后一个运算。这将给出与使用大尺寸参考结构大致相同的结果(见图 1.14)。

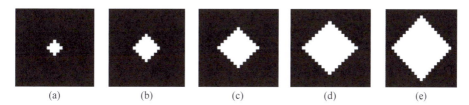

图 1.14　通过在图像上迭代应用算子对大尺寸滤波器进行运算
(a) H；(b) $H \oplus H$；(c) $H \oplus H \oplus H$；(d) $H \oplus H \oplus H \oplus H$；(e) $H \oplus H \oplus H \oplus H \oplus H$

1.3　二值图像中的边缘检测

形态学运算的一个典型应用是提取二值图像中目标的边缘[5]。算法 1.1 中描述的检测过程从将腐蚀形态学运算应用于图像开始(步骤 1)，使用图 1.10 中定义的任何结构作为参考结构。应用腐蚀的目的是从原始图像中去除图像中目标的外框(边缘)。

接下来，如果对于被腐蚀的图像，获得其逆图像，则可以找到图像中目标的边缘(步骤 2)。因此，将得到一幅图像，其中目标的值为 0，而图像的背景和目标边缘的值为 1。因此，如果在原始图像和图像腐蚀版本的逆之间应用 AND 运算(步骤 3)，则可获得目标的边缘。获得

---

①　旋转不变。

这一结果是因为只考虑了两幅图像之间的共同像素。图 1.15 显示了使用算法 1.1 进行的边缘检测。

(a)　　　　　　　　　(b)

图 1.15　采用腐蚀形态学运算的边缘检测

(a) 从原始图像图 1.11(a) 利用算法 1.1 获得的图像 $I_{inv}(x,y)$；(b) 执行算法 1.1 后获得的边缘图像 $I_{border}(x,y)$

算法 1.1　使用形态学运算的边缘检测算法

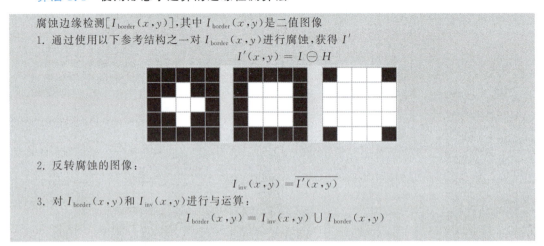

1.4　形态学运算的组合

在实际的图像处理应用中，膨胀和腐蚀在大多数情况下以不同的组合方式使用。本节考虑腐蚀和膨胀的 3 种最常见的组合：开启、闭合和击中-击不中变换[6]。由于膨胀和腐蚀的形态学运算之间存在准对偶性，它们可以组合使用。在现有的组合中，有两种具有特殊的重要性，并具有特殊的名称和符号。这两种组合称为开启和闭合。

1.4.1　开启

开启被定义为先腐蚀后膨胀，在两种运算中使用相同的参考结构[6]。开启运算定义如下：

$$I \circ H = (I \ominus H) \oplus H \tag{1.12}$$

在开启过程中，第一个运算(腐蚀)导致图像中的值为 1(小于参考结构)的所有像素被移除。图像中剩余的结构将通过膨胀进行平滑和放大，使其大致等于其原始(在应用腐蚀之前)尺寸。图 1.16 显示了在考虑不同圆盘尺寸 r 时(见图 1.16(b))，使用圆盘状参考结构进行开启运算的效果。

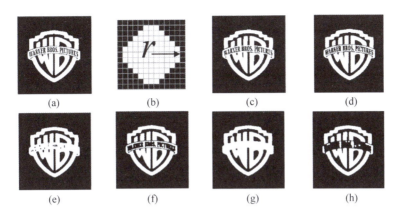

图 1.16 用不同尺寸的参考结构进行开启和闭合运算的效果

(a) 原始图像；(b) 参考结构和修改其尺寸的参数 r；(c) $r=5$ 的开启运算；(d) $r=5$ 的闭合运算；(e) $r=10$ 的开启运算；(f) $r=10$ 的闭合运算；(g) $r=15$ 的开启运算；(h) $r=15$ 的闭合运算

1.4.2 闭合

使用相同的参考结构，先膨胀后腐蚀的顺序操作被称为闭合[6]。此运算的正式定义如下：

$$I \bullet H = (I \oplus H) \ominus H \tag{1.13}$$

借助闭合运算，可以填充在图像的目标内部检测到的孔，这些孔也小于参考结构。图 1.16 显示了当考虑不同尺寸的圆盘 r 时（见图 1.16(b)），使用圆盘状参考结构进行闭合运算的效果。

1.4.3 开启和闭合运算的性质

开启运算和闭合运算都是同前性（也称幂等）运算。这意味着可以多次执行该运算，但仍获得与仅执行一次相同的结果，即

$$(I \circ H) \circ H = I \circ H, \quad (I \bullet H) \bullet H = I \bullet H \tag{1.14}$$

开启运算和闭合运算都具有的另一个重要特性是对偶性。这意味着，对值为 1 像素的开启运算等效于对值为 0 像素的闭合运算。这可定义如下：

$$I \circ H = \overline{\overline{I} \bullet H}, \quad I \bullet H = \overline{\overline{I} \circ H} \tag{1.15}$$

1.4.4 击中-击不中变换

这种变换对于识别某些像素布局非常有用。对 I 和 H 的击中-击不中变换可表示为 $I \otimes H$。在这个表达式中，H 代表参考结构，它涉及一对参考结构 $H=(H_1, H_2)$。击中-击不中变换根据两个参考结构定义如下：

$$I \otimes H = (I \ominus H_1) \bigcap (I^c \ominus H_2) \tag{1.16}$$

图 1.17 和图 1.18 显示了击中-击不中变换如何用于检测图像中的像素模式。在这个例子中，要检测的布局是像素的交叉。

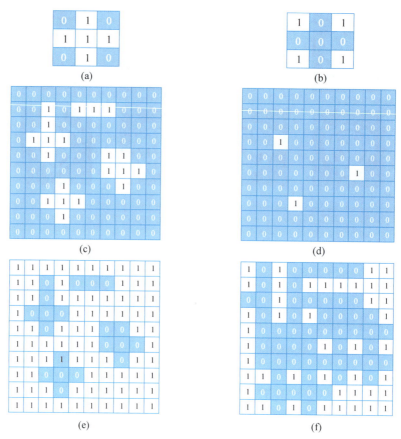

图 1.17　说明使用击中-击不中变换的过程

(a) 参考结构 H_1；(b) 参考结构 H_2；(c) 原始图像；(d) $I\ominus H_1$ 的结果；(e) 反转的原始图像 I^c；(f) $I^c\ominus H_2$ 的结果

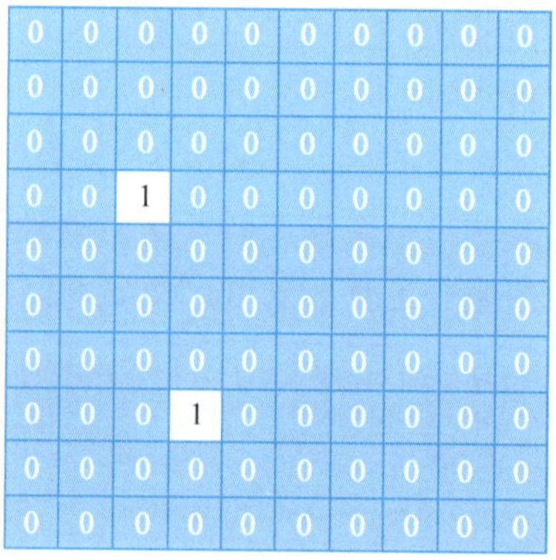

图 1.18　图 1.17 中击中-击不中变换 $I\circledast H=(I\ominus H_1)\cap(I^c\ominus H_2)$ 的结果

在最后的运算中，交集($\cap$)表示逻辑 AND 运算。变换的名称"击中-击不中"来自在运算中执行的操作。也就是说，在第一个腐蚀(H_1)中，检测到与参考结构一致的所有位置(成功，即击中)，而在第二个腐蚀(H_2)中，没有检测到与参考结构一致的位置(失败，即击不中)。

1.5 灰度图像的形态学滤波器

形态学运算并不局限用于二值图像,而是也可以用于灰度图像。到目前为止,除了击中-击不中变换之外,所有讨论的形态学运算都有对灰度图像的自然扩展。类似地,形态学运算可以通过将每个平面作为具有独立灰度(强度)的图像以对彩色图像进行运算。尽管形态学运算具有相同的名称和使用相同的符号,但与二值图像相比,它们对灰度图像的定义差异很大。

1.5.1 参考结构

不同图像类型的形态学运算之间的第一个区别是参考结构。参考结构不仅表示一个 1 和 0 构成的矩阵,用于描述将对二值图像进行运算的结构的形状和尺寸,但现在它也是一个与线性滤波器定义中"相似"的系数矩阵。因此,参考结构被描述为实数的 2-D 函数,定义如下:

$$H(i,j) \in \mathbf{R} \tag{1.17}$$

参考结构值 $H(i,j)$ 可以是正的、负的或零。然而,与空域滤波器的系数矩阵不同,零也会影响计算的最终结果。

1.5.2 灰度图像的膨胀和腐蚀

灰度图像的膨胀(⊕)被定义为参考结构的值与其对应的图像区域之间所产生和的最大值。其定义如下:

$$(I \oplus H)(x,y) = \max_{(i,j) \in H} \{I(x+i, y+j) + H(i,j)\} \tag{1.18}$$

另外,灰度图像的腐蚀(⊖)被定义为参考结构的值与其对应的图像区域之间所产生差的最小值。这可以公式化如下:

$$(I \ominus H)(x,y) = \min_{(i,j) \in H} \{I(x+i, y+j) - H(i,j)\} \tag{1.19}$$

图 1.19 显示了膨胀运算对灰度图像的影响示例。图 1.20 显示了应用腐蚀运算的结果。在这两种运算中,都可能出现用于表达图像数据的正常范围(0~255)之外的值。如果发生这种情况,则只取其极限值。因此,如果数字为负数,则将零值视为结果,如果运算的值高于 255,则将 255 视为结果(这种考虑极限的运算常称为"箝位")。

膨胀和腐蚀可以结合起来产生各种效果。例如,从图像的膨胀运算结果中减去腐蚀运算结果称为"形态学梯度"。其定义如下:

$$\partial M = (I \oplus H) - (I \ominus H) \tag{1.20}$$

灰度图像上的形态学膨胀和腐蚀运算结果如图 1.21 所示,这里也考虑了形态学梯度的运算。

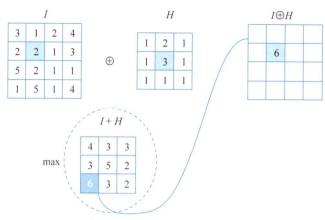

图 1.19　灰度图像的膨胀 $I \oplus H$。3×3 的参考结构以图像 I 为中心。图像 I 的值与相应的 H 值逐元素相加，从总和 $I \oplus H$ 中选择最大值，将其作为该过程的结果

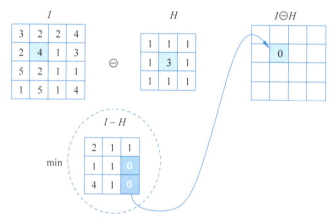

图 1.20　灰度图像的腐蚀 $I \ominus H$。3×3 的参考结构以图像 I 为中心。图像 I 的值与相应的 H 值逐元素相减，从差 $I \ominus H$ 中选择最小值，将其作为该过程的结果

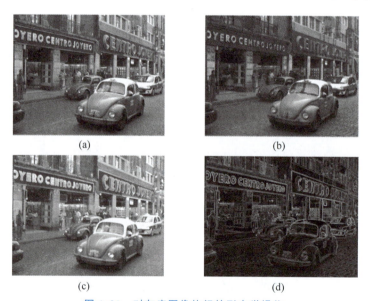

图 1.21　对灰度图像执行的形态学操作
(a) 原始图像；(b) 腐蚀图像；(c) 膨胀图像；(d) 形态学梯度

1.5.3　灰度图像的开启和闭合

对灰度图像的开启和闭合表达式与它们的二值对应表达式具有相同的形式。这两种运算都有一个简单的几何解释。图1.22显示了考虑图像剖面（一条线的灰度值）的解释。对于开启运算的情况，就好像在图1.22(a)中的曲线上添加了一个水平结构（见图1.22(b)），该结构（从下方）"短路"了曲线。将峰值拉了下来，即最大值因开启运算而被消除（见图1.22(c)）。

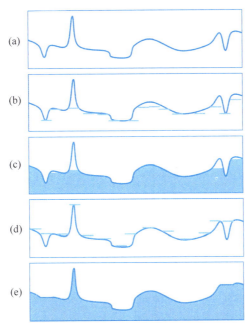

图1.22　对灰度图像开启和闭合运算的解释
(a) 灰度图像的剖面；(b) 根据开启运算将结构应用于剖面；(c) 开启运算的结果；
(d) 根据闭合运算将结构应用于剖面；(e) 闭合运算的结果

通常，开启运算用于去除图像中亮像素的小区域，而其他区域的灰度级基本上保持不变。

图1.22(d)给出了闭合运算的示意图。请注意，与开启运算不同，结构被放置在剖面的上方。这样，如果谷小于结构，则谷将被填充。图1.22(e)显示了闭合运算的结果。

与开启运算相反，闭合运算允许消除图像中暗像素的小区域，这些小区域的尺寸小于所使用的参考结构的尺寸，而其他区域的灰度级基本上保持不变。

因为开启运算抑制了小于参考结构的亮细节，而闭合运算去除了小于参考结构的暗伪影，因此这两种操作结合使用可对图像进行平滑和去噪。

开启运算和闭合运算相结合可构成开启和闭合滤波器；这样的滤波器具有同时从图像中去除亮伪影和暗伪影（类似于椒盐噪声）的能力。在滤波操作中，先开启灰度图像（去除亮伪影），然后闭合其结果（去除暗伪影）。图1.23显示了开启运算和闭合运算对灰度图像的影响，其中对图像添加了椒盐噪声。图1.23(e)中还显示了使用开启和闭合滤波器的结果。

使用开启和闭合滤波器的另一种方法是重复应用它们，但在每次迭代中改变参考结构的大小。这个过程称为"序贯滤波器"。该滤波器对灰度图像的影响比简单地使用开启和闭合滤波器获得的结果更平滑（见图1.24）。算法1.2展示了实现序贯滤波器的过程。

图 1.23 在灰度图像上开启和闭合操作的结果

（a）原始图像；（b）包含椒盐噪声的图像；（c）对（b）开启的结果；（d）对（b）闭合的结果；（e）对（b）使用开启和闭合滤波器的结果

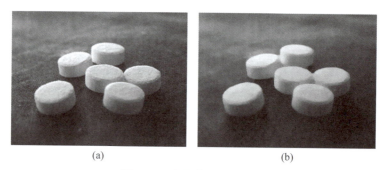

图 1.24 序贯滤波器的效果

（a）原始图像；（b）滤波结果，通过重复 3 个阶段，将 r 从 1 变为 3 而获得

算法 1.2　序贯滤波器

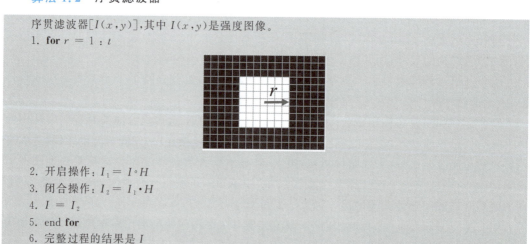

序贯滤波器 $[I(x,y)]$，其中 $I(x,y)$ 是强度图像。
1. **for** $r = 1 : t$
2. 开启操作：$I_1 = I \circ H$
3. 闭合操作：$I_2 = I_1 \cdot H$
4. $I = I_2$
5. **end for**
6. 完整过程的结果是 I

1.5.4 高帽变换和低帽变换

高帽变换操作定义为用原始图像减去对图像开启的结果[7]。这个操作可定义如下：

$$I_{\text{TopH}} = I - (I \circ H) \tag{1.21}$$

这个操作的名称来源于其参考结构的形状，如图 1.25 所示，很像一顶高帽。

图 1.25　高帽变换的参考结构

这个操作在增强有阴影的细节时很有用，图 1.26 给出将这个操作用在图像上得到的结果。

(a)　　　　　　　　　　　　　(b)

图 1.26　高帽变换的结果
(a) 原始图像；(b) 高帽变换的结果

低帽变换操作定义为对图像闭合的结果减去原始图像[7]。这个操作可定义如下：

$$I_{\text{BottomH}} = (I \cdot H) - I \tag{1.22}$$

1.6　形态学运算的 MATLAB 函数

MATLAB 有大量的函数可用来实现本章讨论的大多数形态学操作[8]。本节逐个解释可以执行形态学操作的函数，以及一些辅助函数。

1.6.1　斯太尔函数

所有形态学操作对图像执行操作时都使用称为参考结构的结构元素。MATLAB 有一个函数 strel，它可以构建不同尺寸和形状的参考结构。它的基本语法是：

esref = strel(shape,parameters);

其中，shape 是一个指定要实现形状的字符串/串链；而 parameters 是一个指定形状特性的数据列表。例如，strel('disk',3) 返回一个圆盘状的尺寸为±3 的参考结构。表 1.1 总结了函数 strel 可以实现的形状和结构。

表 1.1　可以用 MATLAB 函数 strel 实现的形状和结构

语　　法	说　　明
esref=strel('diamond',r)	生成一个钻石状的结构,其中 r 指定从形状末端到中心的距离
esref=strel('disk',r)	生成一个圆盘状的结构,其中 r 指定圆盘的半径
esref=strel('line',long,grad)	以线的形式构建结构,其中参数 long 表示直线的长度而 grad 定义直线的方向
esref=strel('octagon',r)	生成一个八边形的框架,其中 r 指示从中心到一条边的距离
esref=strel('square',w)	生成一个正方形的结构,其中 w 指示其宽度
esref=strel('arbitrary',Matriz)	生成一个任意形状的结构,它由一个其中元素为 1 和 0 的数组定义

本章考虑了将参考结构划分为几个部分的性质,以在涉及大尺寸参考结构时快速实现膨胀的形态学操作。当使用形态学操作时,为了加速操作的执行,strel 会生成一个参考结构的集合以对大参考结构进行关联表达。

以前面处理过的情况为例,将有

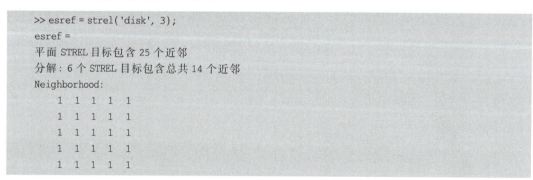

```
>> esref = strel('disk', 3);
esref =
平面 STREL 目标包含 25 个近邻
分解:6 个 STREL 目标包含总共 14 个近邻
Neighborhood:
    1 1 1 1 1
    1 1 1 1 1
    1 1 1 1 1
    1 1 1 1 1
    1 1 1 1 1
```

可以看到，esref 不是被看作一个普通的数组而是被看作一个特殊的结构，称为 strel 目标。这个目标包括不同元素。Neighborhood 是一个定义参考结构的 1 和 0 的数组。此外，还给出了结构中包含的元素数量，这里是 25。目标的一个重要部分是参考结构中可以被分解成元素的数量，这里是 6。因此，如果将这些元素关联起来，它们将构成一个大的参考结构。在 strel 目标中，有一个由 1 构成的集合（14 个元素）处在参考结构被分解成的结构中。表 1.1 描述了使用 MATLAB 函数 strel 可以实现的形状和结构。

命令 whos 返回出现在 MATLAB 环境中变量的数量，在查询 esref 的 components 后应用此命令时，将显示 6 个元素。它们代表用来分解最终结构的元素。这些命令如下：

```
>> components = getsequence(esref);
>> whos
名称            尺寸       字节      类       属性
components     6×1       1870     strel
esref          1×1       2599     strel
>> components(1)
ans =
平面 STREL 目标包含 3 个近邻
Neighborhood:
    1
    1
    1
```

1.6.2 用于膨胀和腐蚀的 MATLAB 函数

函数 imdilate 实现膨胀操作，它的基本语法如下：

```
IR = imdilate(I,H);
```

其中，I 是膨胀要应用的图像，H 是所用的参考结构，IR 是膨胀的图像。如果 I 是一幅二值图像，那么 IR 也将是二值的图像；如果 I 是一幅灰度图像，那么 IR 也将是灰度图像。因此，使用相同的函数，可以对二值图像和灰度图像进行膨胀。参考结构 H 可使用函数 strel 得到。

函数 imerode 实现腐蚀操作，它的基本语法如下：

```
IR = imerode(I,H);
```

其中，I 是腐蚀要应用的图像，H 是所用的参考结构，IR 是腐蚀的图像。如果 I 是一幅二值图像，那么 IR 也将是二值的图像；如果 I 是一幅灰度图像，那么 IR 也将是灰度图像。

为了展示如何使用膨胀和腐蚀函数，将给出一个示例。在这个例子中，实现了一幅灰度图像的形态学梯度（见 1.5.2 小节）。假设 I 是希望提取形态学梯度的图像，使用如下命令：

```
>> H = strel('square',3);
>> I1 = imdilate(I,H);
>> I2 = imerode(I,H);
>> IG = I1 - I2;
```

其中，H 是用尺寸为 3 的正方形生成的参考结构。当使用相同图像 I 和相同参考结构 H 得到膨胀和腐蚀的结果后，将它们相减，就得到图像 I 的形态学梯度。

1.6.3 涉及开启和闭合操作的 MATLAB 函数

函数 imopen 和 imclose 实现了开启和闭合操作。这些函数的基本语法如下:

```
IR = imopen(I,H);
IR = imclose(I,H);
```

其中,I 是要应用开启和闭合的图像,H 是所使用的参考结构。IR 是结果图像,如果 I 是一幅二值图像,那么结果图像 IR 也是二值图像;如果 I 是一幅灰度图像,那么结果图像 IR 也是灰度图像。参考结构 H 可使用函数 strel 得到。

1.6.4 成功或失败的变换(击中-击不中)

在击中-击不中变换(见 1.4.4 小节)中,使用了一个由两个元素构成(H_1 和 H_2)的参考结构。在这种情况下,击中-击不中变换定义如下:

$$I \otimes H = (I \ominus H_1) \cap (I^c \ominus H_2) \tag{1.23}$$

图像处理工具箱使用函数 bwhitmiss 实现击中-击不中变换,其语法可描述如下:

```
IR = bwhitmiss(I,H1,H2);
```

其中,IR 是变换的结果图像,而 H1 和 H2 是如图 1.17 给出的参考结构。

1.6.5 函数 bwmorph

函数 bwmorph 实现了多种基于膨胀和腐蚀结合的有用操作。它的基本语法如下:

```
IR = bwmorph(I,operation,n);
```

其中,IR 是一幅二值图像;operation 是一个指示要执行的操作的字符串;n 是一个正整数,它指示操作重复的次数。n 是可选项,如果它被省略了,则表示只执行一次操作。表 1.2 列出了函数 bwmorph 可执行的不同操作集合。这些操作中有多个已在本章中讨论过。函数 bwmorph 也被看作一个可以快速实现若干形态学操作而无须分别构建参考结构的函数。相反,在腐蚀和膨胀的情况下,需要显式地定义参考结构以执行操作。

表 1.2 可以用 MATLAB 函数 bwmorph 实现的不同操作

操 作	说 明		
bothat	使用 3×3 尺寸的参考结构执行低帽操作。该函数使用 imbothat 执行操作		
bridge	将间隔一个像素的分离像素连接起来		
clean	消除图像中孤立的像素		

续表

操 作	说 明
diag	填充对角连接的白色像素周围的像素,以消除背景像素的连接性
fill	填补图像中物体结构中的空白
hbreak	从图像中删除目标的 H 结构,以这种方式使图像中的目标更多
majority	如果一个像素的 3×3 邻域里有 4 个以上像素值为 1,则将该将像素的值设置为 1
remove	如果 4 个连接的像素为 1,则将像素的值设置为 0
shrink	如果 n＝inf,则目标被化简为点。没有孔的目标被化简为点,而有孔的目标形成环。此操作保持欧拉数
skel	如果 n＝inf,则删除所有像素,将其化简到最小表达式。这个过程称为骨架化
thicken	向目标添加像素,仅放置连接的像素
thin	将没有孔的目标化简为直线,将有孔的目标化简为环
tophat	使用 3×3 尺寸的参考结构执行高帽操作。该函数使用 imtophat 执行操作

1.6.6 凸分量的标记

凸分量是二进制值为 1 的、基于某种邻域标准相互连接的所有像素。每个检测到的目标都构成区域,对它们赋一个唯一的标记以识别它们。

用于标记的算法主要基于连接准则。有 3 种连接类型:4-连接、8-连接和对角连接。在 4-连接中(见图 1.27(a)),对像素(P0),如果有一个邻域像素在其上面(P2)、下面(P7)、右边(P5)或左边(P4),则认为它们是 4-连接的。在 8-连接中(图 1.27(b)),对像素(P0),如果在对角位置(加上 4-连通的位置)有邻域像素,即(P1)、(P3)、(P6)或(P8),则认为它们是 8-连接的。图 1.27(c)给出了对角连接的位置。

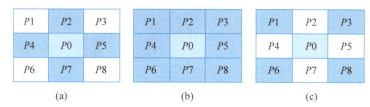

图 1.27 像素间的邻域准则
(a) 4-连接的邻域像素;(b) 8-连接的邻域像素;(c) 对角连接的邻域像素

邻域准则对图像中检测出目标的结果有很大影响。图 1.28 显示了由不同的邻域准则导致的目标标记结果。图 1.28(a)展示了使用 4-连接的邻域准则所得到的目标,图 1.28(b)展示了使用 8-连接的邻域准则所得到的目标。从这两个图可见,当使用 4-连接的准则时,将会有更多的目标,因为邻域准则更受限制。另外,当使用 8-连接的准则时,邻域准则更灵活,会吸收像素并将两个目标作为一个目标。

MATLAB 的图像处理工具箱中有一个函数 bwlabel,它根据一定的连接性对检测到的元素进行标记。它的基本语法如下:

```
[L,num] = bwlabel(I,con);
```

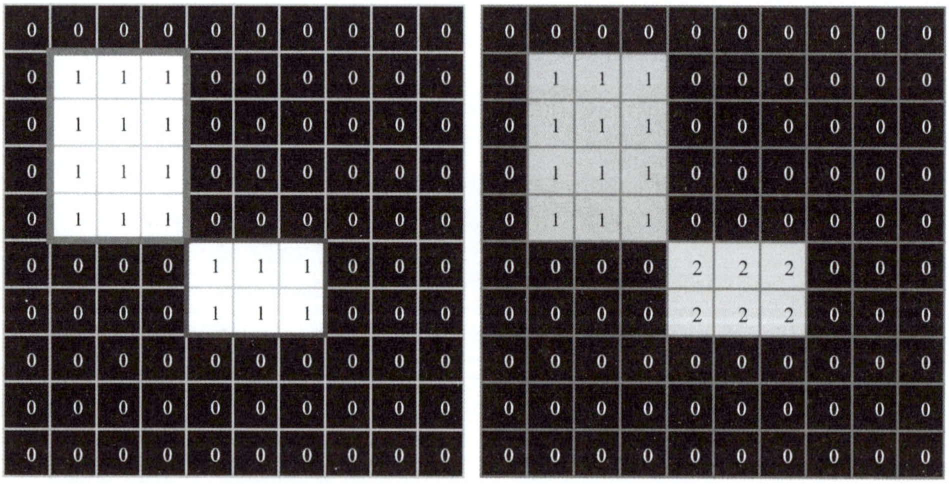

(a)

图 1.28 考虑不同邻域准则时的目标标记结果
(a) 考虑 4-连接时的结果;(b) 考虑 8-连接时的结果

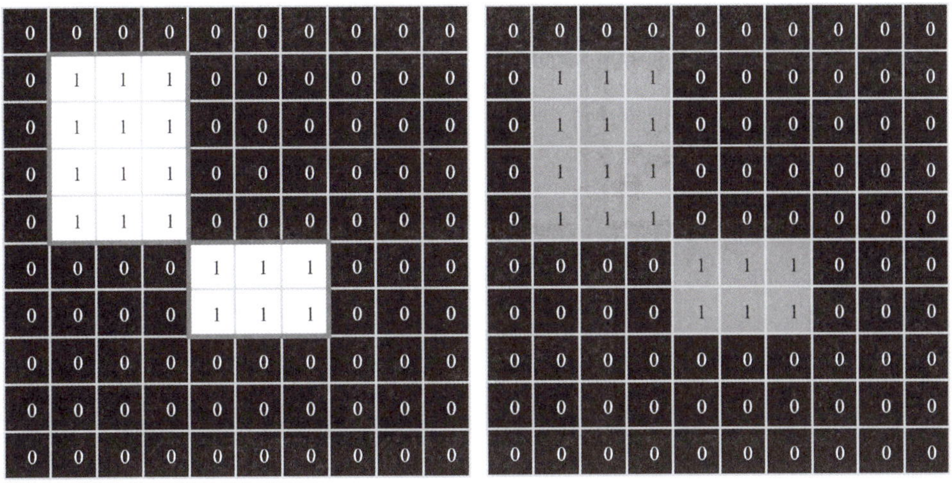

(b)

图 1.28 （续）

其中，I 是包含识别出的、要标记的目标的二值图像；con 指示所考虑的邻域准则（4 或 8）；L 是包含标记元素的数组；num（该参数可选）指示图像中包含的目标数量。如果忽略了 con，则默认值为 8。在 L 中将目标从 1 到检测出的目标数 n 进行标记。

如果考虑要标记图 1.29(a)所示的二值图像，使用函数 bwlabel 的结果是 3 个不同的目标或标记。为选择其中各个标记，可使用逻辑函数以获得所需的标记。例如，为选择标记 2，可使用如下命令：

```
L = bwlabel(I,4);
I2 = L == 2;
```

执行以上命令后，可能得到的图像分别如图 1.29(b)、图 1.29(c)、图 1.29(d)所示。

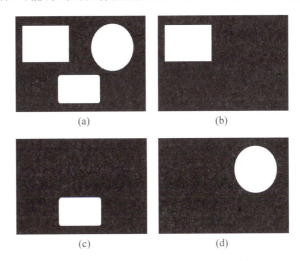

图 1.29 使用函数 bwlabel 标记目标得到的结果

(a) 原始需要检测目标的图像；(b) 使用 $L==1$ 得到的结果；
(c) 使用 $L==2$ 得到的结果；(d) 使用 $L==3$ 得到的结果

参考文献

[1] Jain A K. *Eundamentals of digital image processing*. Prentice Hall, 1989.

[2] Dougherty E R, Lotufo R A. *Hands-on morphological image processing*. SPIE Press, 2003, (59).

[3] Soille P. *Morphological image analysis: Principles and applications*. Berlin: Springer, 1999, 2(7): 170-171.

[4] Serra J, Soille P (Eds.). *Mathematical morphology and its applications to image processing*. Springer Science & Business Media, 2012, 2.

[5] Gonzalez R C, Woods R E. *Digital image processing* (3rd ed.). Prentice Hall, 2008.

[6] Soille P. Opening and closing. In *Morphological image analysis: Principles and applications* (pp. 105-137). Springer, Berlin, Heidelberg, 2004: 105-137.

[7] Kushol R, Kabir M H, Salekin M S, et al. Contrast enhancement by top-hat and bottom-hat transform with optimal structuring element: Application to retinal vessel segmentation. In Image analysis and recognition: 14th international conference, ICIAR 2017, Montreal, QC, Canada, July 5-7, 2017, Proceedings 14. Springer International Publishing, 2017: 533-540.

[8] Gonzalez R C, Woods R E, Eddins S L. *Digital image processing using MATLAB*. Prentice Hall, 2004.

第2章

彩 色 图 像

2.1 RGB图像

RGB彩色模型基于对基色红(R)、绿(G)和蓝(B)的结合[1]。该模型源自电视技术,被认为是对计算机、数码相机、扫描仪以及数字存储器中彩色的基本表达[2]。大多数图像处理和渲染/绘制程序使用该模型作为内部彩色表达。

RGB模型是一种加性彩色格式,这意味着彩色的结合基于在黑色的基础上对单个分量的相加。这个过程可理解为将红、绿、蓝3种光线叠加起来透射到白纸上,其强度可以连续控制[3]。不同彩色分量的强度决定了所得彩色的色调和亮度。白色和各种灰色也可以用相同的方式通过结合3种对应的RGB基色获得。

RGB模型构成一个立方体,其坐标轴对应三基色R、G、B。RGB的值为正,被限定在区间$[0, V_{max}]$中,一般情况下$V_{max}=255$。每个可能的彩色C_i对应RGB立方体中的一个点,其分量为

$$\boldsymbol{C}_i = (R_i, G_i, B_i) \tag{2.1}$$

其中,$0 \leqslant R, G, B \leqslant V_{max}$。一般将彩色分量的取值范围归一化到区间$[0,1]$中,这样彩色空间就如图2.1所示表示为一个单位立方体。点$N=(0,0,0)$对应黑色,点$W=(1,1,1)$对应白色,在N和W之间直线上的所有点对应灰色调,它们的R、G、B分量具有相同的值。

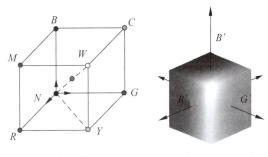

图2.1 将RGB彩色空间表达成一个单位立方体。基色红(R)、绿(G)和蓝(B)构成了坐标轴。单个彩色(R)、绿(G)、蓝(B)、蓝绿(C)、品红(M)、黄(Y)位于彩色立方体的角点。所有灰色强度值,如(K),位于从(N)到(W)的对角线上

图 2.2 显示了一幅彩色图像,它将在本章中多次被用作测试图像。同时,图 2.2 还给出了图像相应的 RGB 分量。

彩图

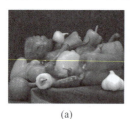

(a)　　　　　　　(b)　　　　　　　(c)　　　　　　　(d)

图 2.2　RGB 模型下的彩色图像及其相应的 R、G 和 B 平面
(a) RGB 图像;(b) R 平面;(c) G 平面;(d) B 平面。通过对不同平面的分析,可注意到红色含量高的辣椒在 R 平面获得了大(亮)的值

RGB 是一个简单的彩色模型。它足够用于彩色处理,但后面将看到,它也需转换为不同的彩色模型。目前,先不去考虑诸如 RGB 像素和它的真实彩色的对应关系,或基色 R、G、B 的物理表达。与彩色和 CIE 彩色空间相关的感兴趣细节将在后面讨论。

从编程的角度,一幅 RGB 彩色图像是一个 $M \times N \times 3$ 的数组,其中 $M \times N$ 定义了平面的尺寸,而对应 3 的维数定义了各个 R、G 和 B。据此,可将一幅 RGB 彩色图像看成 3 幅灰度图像的一个数组[4]。

2.1.1　彩色图像的组合

彩色图像类似灰度图像用一个像素数组刻画,其中不同类型的模型可用来构成不同的彩色分量,它们组合起来表现整个彩色图像。可以区分两种彩色图像:全色图像和索引图像(参考彩色调色板)。

全色图像完整地使用了彩色空间,即将定义彩色模型的整个空间都用来表达彩色图像。索引图像只使用了较少数量的彩色来表达彩色图像。

2.1.2　全色图像

全色图像中的像素可以具有所考虑彩色模型的空间中任何值。全色图像一般用于图像包含大量由彩色模型定义彩色的情况,如照片[5]。在彩色图像的构图中,可以区分两种关联方式:平面构图和打包构图。

平面构图指用相同维度的不同排列构成图像。一幅彩色图像

$$I = (I_R, I_G, I_B) \tag{2.2}$$

可以被考虑成一个相关的、具有强度 $I_R(x,y)$、$I_G(x,y)$、$I_B(x,y)$ 图像集合(见图 2.3),其中彩色图像每个像素的 RGB 值是通过如下方式访问每个数组来构图的:

$$\begin{bmatrix} R \\ G \\ B \end{bmatrix} = \begin{bmatrix} I_R(x,y) \\ I_G(x,y) \\ I_B(x,y) \end{bmatrix} \tag{2.3}$$

打包构图指用彩色分量代表单个像素,而其存储在结构中(见图 2.4)。即

$$I(x,y) = (R, G, B) \tag{2.4}$$

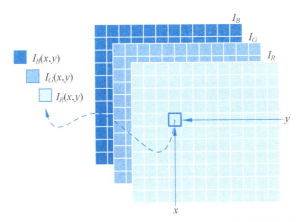

彩图

图 2.3　RGB 彩色图像的构图。彩色或平面分量处在具有相同维数的分离的数组中

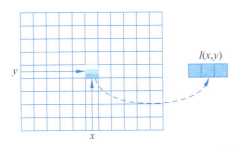

彩图

图 2.4　RGB 彩色图像和打包构图。三色分量 R、G 和 B 嵌入单个数组中

RGB 彩色分量的值可从在位置 (x,y) 的打包图像通过访问彩色像素的单个分量得到，即

$$\begin{bmatrix} R \\ G \\ B \end{bmatrix} \to \begin{bmatrix} R(I(x,y)) \\ G(I(x,y)) \\ B(I(x,y)) \end{bmatrix} \tag{2.5}$$

其中，$R(I(x,y))$、$G(I(x,y))$ 和 $B(I(x,y))$ 代表彩色平面访问函数。

2.1.3　索引图像

一幅索引图像可以包含有限数目的彩色，该类图像在表达从存储角度比较节省的图形或 GIF、PNG 格式的图像时很有吸引力[5]。一幅索引图像有两个分量：一个数据数组和一个调色板（彩色图）。调色板是一个 $n×3$ 的矩阵。调色板的长度 n 与所定义的彩色数量相等。它们对应用来定义图像的彩色。同时，每列指定了该列定义的 RGB 彩色分量的值。据此可知，一幅索引图像将数据数组中包含的强度像素直接映射为调色板中的值。每个像素的彩色由数据数组的整数值确定，它就是指向调色板的索引。

一幅索引图像使用数据数组和确定其包含彩色的调色板来存储。这一点很重要，因为数据数组中的值如果没有彩色调色板就没有意义。图 2.5 展示了数据数组和彩色调色板之间的联系。

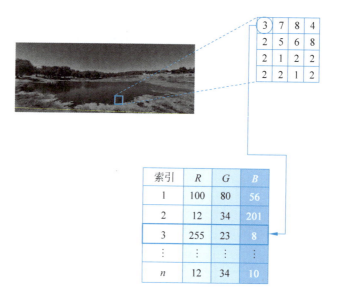

图 2.5 数据数组和彩色调色板在构建索引图像时的联系

2.2 RGB 图像的直方图

直方图描述图像中所出现数值的频率分布[6]。直方图的每个值定义为

$$h(i) = 图像中取值为 i 的像素数量$$

对所有 $0 \leqslant i < K$，其中，K 是描述图像中数据的最大允许值。这可以正式写为①

$$h(i) = \text{card}\{(u,v) \mid I(u,v) = i\}$$

$h(0)$ 是具有值为 0 的像素数量，$h(1)$ 是具有值为 1 的像素数量，以此类推，最后 $h(255)$ 代表图像中白色像素(具有强度最大值)的数量。尽管一幅灰度图像的直方图考虑了所有彩色分量，但图像中的误差可能没有考虑。例如，当某些彩色平面不太一致时，亮度直方图仍可能看起来很好。在 RGB 图像中，蓝色平面一般对从彩色图像计算得到的灰度图像的整个光度贡献非常小。

每个平面的直方图对图像中的彩色分布还提供了一些附加的信息。因此，每个彩色平面被考虑成一幅独立的灰度图像并被用相同的方式显示。图 2.6 给出对一幅典型 RGB 图像的亮度直方图 h_{Lum} 和不同彩色平面 h_R、h_G、h_B 连接在一起的直方图。

当分析 RGB 图像时，很重要的一点是显示彩色内容，将其刻画成包含在每个不同 R、G、B 平面中数据的分布。实现这个工作的传统方法可以是发现各个平面的直方图，如同对待一幅强度图像。但是，尽管该方法允许发现彩色分布的重要特性，但它不能恰当地观察这个分布以比较不同平面的内容。因此，建议执行一个允许将不同平面的直方图结合起来以连接在一起的方式给出的函数。程序 2.1 给出了这个函数的配置。

---

① card{…}代表基数，即元素的数量。

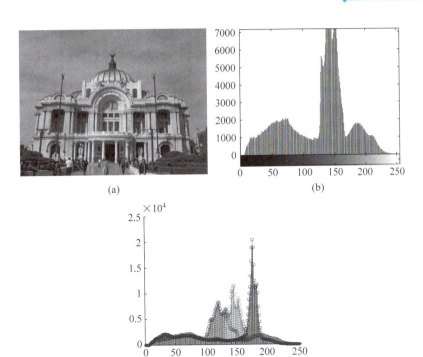

彩图

图 2.6　RGB 图像的直方图

(a) 原始图像；(b) 亮度直方图(RGB 图像的灰度版本直方图)；(c) 不同彩色平面 h_R、h_L、h_B 连接在一起的直方图

程序 2.1 MATLAB 中以连接方式绘制 R、G、B 平面直方图的程序

```
%%%%%%%%%%%%%%%%%%%%%%%%%%%%%%%%%%%%%%%%%%%%%%
% Function that allows graphing the histograms of
% the different planes R, G and B in a concatenated way
%%%%%%%%%%%%%%%%%%%%%%%%%%%%%%%%%%%%%%%%%%%%%%
function varargout = rgbhist (I)
% It is verified that image I is
% RGB, that is, that it has 3 planes
if (size(I, 3) ~ = 3)
    error('The image must be RGB')
end
% 256 values are set representing
% the allowable data type depth
nBins = 256;
% Find the histograms for each plane R G B
rHist = imhist(I(:,:,1), nBins);
gHist = imhist(I(:,:,2), nBins);
bHist = imhist(I(:,:,3), nBins);
% the graphic object is created
figure
hold on
% Histogram information is displayed.
h(1) = stem(1:256, rHist);
h(2) = stem(1:256 + 1/3, gHist);
```

```
h(3) = stem(1:256 + 2/3, bHist);
% A color is established for each of them
% that correspond to the value they represent.
set(h(1), 'color', [1 0 0])
set(h(2), 'color', [0 1 0])
set(h(3), 'color', [0 0 1])
```

2.3 彩色模型和彩色空间转换

从编程角度看，RGB 彩色模型是一种表达数据的简单方法，它主要面向将彩色显示在计算机上的工作。尽管 RGB 模型很简单，但它几乎没有考虑彩色是如何获得的，另外它对光照的变化很敏感[7]。

由于重要的彩色特性，如色调、亮度等，是隐含地定义在 RGB 模型中的，因此要考虑在模型中指定这些图像中的因素很困难。其他模型，如 HSV 模型，可以方便地刻画这些特性，因为在 HSV 模型中，诸如饱和度、亮度和色调都显式地作为模型的一部分。

图 2.7 给出了一幅图像在 RGB 彩色模型和 HSV 彩色模型中的彩色分布。对它们的联系的描述、共同特性和区别将稍后讨论。

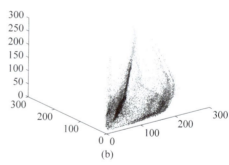

彩图

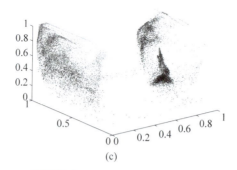

图 2.7 一幅图像在不同彩色模型中的彩色分布
(a) 原始图像；(b) 在 RGB 模型中的分布；(c) 在 HSV 模型中的分布

2.3.1 将 RGB 图像转换为灰度图像

RGB 图像到灰度图像的转换是通过考虑构成图像的每个彩色平面中所包含的等效组合值而进行的计算来完成的。在最简单的形式下，这个等效值可以使用 3 个彩色分量的平

均值,即

$$E_p(x,y) = \frac{R(x,y) + G(x,y) + B(x,y)}{3} \quad (2.6)$$

RGB 模型中典型的主观(subjective)亮度使具有大的红色值和/或绿色值的图像有一个暗的表现(在根据式(2.6)转换得到的灰度图像中)。相反的效果发生在蓝色平面中值较大的像素上,其在灰度版本中显示出较浅的外观。为解决这个问题,可考虑对式(2.6)进行一个较好的近似,以计算所有平面的线性组合,即

$$E_{\text{lin}}(x,y) = w_R R(x,y) + w_G G(x,y) + w_B B(x,y) \quad (2.7)$$

其中,w_R、w_G 和 w_B 是定义变换的系数,根据电视中对彩色信号使用的准则分别为

$$w_R R(x,y) = 0.299, \quad w_G G(x,y) = 0.587, \quad w_B B(x,y) = 0.114 \quad (2.8)$$

另一个建议的变型是 ITU-BT.709 中用于数字彩色编码的近似:

$$w_R R(x,y) = 0.2125, \quad w_G G(x,y) = 0.7154, \quad w_B B(x,y) = 0.072 \quad (2.9)$$

正式地说,式(2.6)可看作式(2.7)的一个特例。

一个要考虑的重要因素是电视信号中产生的伽马失真,它的非线性方式使式(2.8)和式(2.9)中的值不正确。在很多工作中,这个问题需要用如下定义的线性变换权重来解决:

$$w_R = 0.309, \quad w_G = 0.609, \quad w_B = 0.082 \quad (2.10)$$

2.3.2 没有彩色的 RGB 图像

有些时候,当希望用一种有对比度和易识别的彩色突出某些强度区域时,需要将灰度图像表示成 RGB 格式。为生成这种类型的图像,可将(使用式(2.6)~式(2.10)中的任一个模型)获得的灰度值赋给每个平面:

$$R(x,y) = E(x,y), \quad G(x,y) = E(x,y), \quad B(x,y) = E(x,y) \quad (2.11)$$

2.3.3 减少彩色图像的饱和度

为减少一幅 RGB 图像的饱和度,先抽取灰度图像,再在彩色平面和强度版本的差别上执行线性插值。这个过程可以描述如下:

$$\begin{bmatrix} R_D(x,y) \\ G_D(x,y) \\ B_D(x,y) \end{bmatrix} = \begin{bmatrix} E(x,y) \\ E(x,y) \\ E(x,y) \end{bmatrix} + \text{Fac} \cdot \begin{bmatrix} R(x,y) - E(x,y) \\ G(x,y) - E(x,y) \\ B(x,y) - E(x,y) \end{bmatrix} \quad (2.12)$$

其中,Fac∈[0,1]是一个控制所获得结果的因子。Fac 的逐渐增加刻画了彩色图像的去饱和度情况。Fac=0 消除了各种彩色并产生一幅强度图像;Fac=1 保持平面值不变化。图 2.8 给出了对一幅彩色图像使用不同的 Fac 值减少饱和度的示例。

2.3.4 HSV 和 HSL 彩色模型

在 HSV 彩色模型中,通过 3 个分量表示彩色信息:色调(H)、饱和度(S)和值(V)。这个彩色模型也称为 HSV,主要在 Adobe 产品中使用[8]。HSV 模型传统上用一个倒角锥表

示(见图 2.9),其中垂直轴表示值(V),水平距离对应饱和度(以 V 轴为参考),角度对应色调(相对于 V 轴的旋转点)。在 HSV 模型中,对应黑色的点位于倒角锥的顶点,而对应白色的点位于倒角锥底面的中心。3 种基色(红、绿、蓝)以及它们对应的组合黄、蓝绿、品红都分布在倒角锥的底面上。

彩图

(a)

(b)

(c)

(d)

图 2.8 减少彩色图像的饱和度

(a) 原始图像;(b) Fac=0 的图像;(c) Fac=0.2 的图像;(d) Fac=0.5 的图像

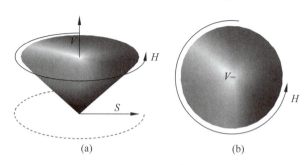

图 2.9 HSV 彩色模型

(a) 彩色模型;(b) 倒角锥的底面

HSL 彩色模型(色调 H、饱和度 S、亮度 L)与 HSV 彩色模型非常相似,而且色调值完全相同。亮度和饱和度参数对应垂直轴以及亮度轴和彩色值之间的半径。尽管两个模型有相似性,但计算参数值(除了 S)的方式非常不同。对 HSL 模型,常见的表达方式是双角锥(见图 2.10),其中,黑色和白色位于双角锥的底部和顶部。3 种基色(红、绿、蓝)以及它们对应的组合黄、蓝绿、品红都分布在两个角锥的接触面上。

彩图

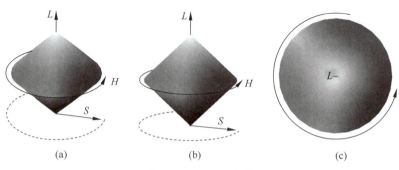

图 2.10 HSL 彩色模型

(a) 从斜上方看的 HSL 模型;(b) 从前面看的 HSL 模型;(c) HSL 模型两个角锥的接触面

2.3.5 从 RGB 到 HSV 的转换

为实现从 RGB 彩色模型到 HSV 彩色模型的转换,要确定 RGB 彩色平面的值(典型的值为 0～255）。对转换的计算考虑下列的步骤。

假设：
$$C_{\max} = \max(R, G, B), \quad C_{\min} = \min(R, G, B), \quad C_{\text{dif}} = C_{\max} - C_{\min} \tag{2.13}$$

如果所有的 R、G、B 彩色分量都有相同的值，那么是一个灰度元素。考虑它的 C_{dif}，有 $S=0$，而色调的值是不确定的。

如果将彩色平面的值归一化如下：
$$R' = \frac{C_{\max} - R}{C_{\text{dif}}}, \quad G' = \frac{C_{\max} - G}{C_{\text{dif}}}, \quad B' = \frac{C_{\max} - B}{C_{\text{dif}}} \tag{2.14}$$

则根据哪个彩色平面具有较高的值，可以计算一个辅助变量 H'：
$$H' = \begin{cases} B' - G', & R = C_{\max} \\ R' - B' + 2, & G = C_{\max} \\ G' - R' + 4, & B = C_{\max} \end{cases} \tag{2.15}$$

H' 的结果值在区间 $[-1, 5]$ 上，代表了色调，可将这个变量归一化，使其值在区间 $[0, 1]$ 上。在这样的条件下，可以进行下列计算：
$$H = \frac{1}{6} \cdot \begin{cases} (H' + 6), & H' < 0 \\ H', & \text{其他} \end{cases} \tag{2.16}$$

在这些计算后，就可以从 RGB 模型的彩色平面中获得 HSV 的分量。所计算的 HSV 平面的值落入区间 $[0, 1]$ 上。当然，更自然的是考虑让 H 的值指示整个旋转区间 $[0, 360°]$ 而不是区间 $[0, 1]$。

执行前述步骤后，定义 RGB 彩色模型的立方体被转换为长度为 1 和半径为 1 的圆柱体（见图 2.11）。与传统的如图 2.9 所示的 HSV 模型表达不同，在圆柱体表达中，所有点都落在几何模型上。从 RGB 到 HSV 的变换具有非线性的特点，有趣的是模型的黑色对应圆柱体的整个底面。在图 2.11 中，标记了基色和一些不同亮度的红色，这样会比较容易指示该模型。图 2.12 显示了一幅图像用灰度表示的 HSV 分量。

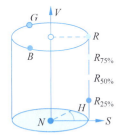

彩图

图 2.11 从 RGB 模型转换来的 HSV 模型。黑色对应圆柱体的整个底面，而基色 R、G、B 分布在圆柱体上部周边的不同位置。白色点位于圆柱体的顶部。在圆柱体的周边上，不同亮度的红色沿 V 轴分布

2.3.6 从 HSV 到 RGB 的转换

为进行这个转换，先假设 HSV 平面的值将数据表示在区间 $[0, 1]$ 上。先从定义在 HSV 彩色模型的图像信息出发计算 RGB 彩色平面的值，如下计算一个辅助变量：

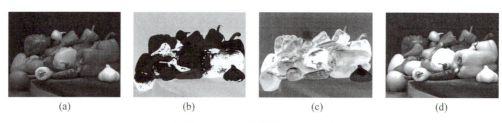

图 2.12 用灰度表示 HSV 平面

(a) RGB 图像；(b) H 平面；(c) S 平面；(d) V 平面

$$A' = (6 \cdot H) \bmod 6 \tag{2.17}$$

上式返回一个从 0 到 6 的值。利用这个值，其他变量如下定义：

$$c_1 = A', \quad c_2 = (6 \cdot H) - c_1$$
$$x = (1-S) \cdot V, \quad y = [1-(S \cdot c_2)] \cdot V, \quad z = \{1-[S \cdot (1-c_2)]\} \cdot V \tag{2.18}$$

这里可根据先前归一化的 R、G、B 平面值（在区间 $[0,1]$ 上）来计算。这些平面的值依赖 c_1、V、x、y 和 z 值，假设它们对应的值定义如下：

$$(R', G', B') = \begin{cases} (V, z, x), & c_2 = 0 \\ (y, V, x), & c_2 = 1 \\ (x, V, z), & c_2 = 2 \\ (x, y, V), & c_2 = 3 \\ (z, x, V), & c_2 = 4 \\ (V, x, y), & c_2 = 5 \end{cases} \tag{2.19}$$

这里需要进行放缩以转换归一化的平面值为常用数据类型的最大允许值（一般是 255）。可执行以下操作进行放缩：

$$R = \mathrm{round}(255 \cdot R'), \quad G = \mathrm{round}(255 \cdot G'), \quad B = \mathrm{round}(255 \cdot B') \tag{2.20}$$

2.3.7 从 RGB 到 HSL 的转换

为从 RGB 模型转换到 HSL 模型，对 H 分量的计算与 HSV 模型的情况相同，因此使用由式(2.13)～式(2.16)定义的相同步骤就可以。

剩下的参数 S 和 L 可计算如下。

先计算 L：

$$L = \frac{C_{\max} + C_{\min}}{2} \tag{2.21}$$

再计算 S：

$$S = \begin{cases} 0, & L = 0 \\ 0.5 \cdot \dfrac{C_{\mathrm{dif}}}{L}, & 0 < L \leqslant 0.5 \\ 0.5 \cdot \dfrac{C_{\mathrm{dif}}}{1-L}, & 0.5 < L < 1 \\ 0, & L = 1 \end{cases} \tag{2.22}$$

图 2.13 给出了一幅图像的 HSL 分量，用灰度表示。

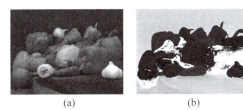
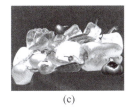
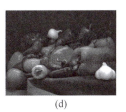

图 2.13　用灰度表示 HSL 平面

(a) RGB 图像；(b) H 平面；(c) S 平面；(d) L 平面。在图(b)中，暗区域对应绿色和黄色，它们的值接近 0

2.3.8　从 HSL 到 RGB 的转换

为从 HSL 模型转换到 RGB 模型，假设定义各个 H、S、L 平面的值在区间 $[0,1]$。如果 $L=0$ 或 $L=1$，则对定义不同彩色平面 R'、G'、B' 的辅助变量的计算可以简化，即

$$(R',G',B') = \begin{cases} (0,0,0), & L=0 \\ (1,1,1), & L=1 \end{cases} \tag{2.23}$$

如果 L 不是这两个值，则对相关 RGB 彩色平面的计算将按如下步骤进行。考虑：

$$A' = (6 \cdot H) \bmod 6 \tag{2.24}$$

这将产生一个落入范围 $(0 \leqslant A' < 6)$ 的值。接下来，参数值可以如下计算：

$$c_1 = A', \qquad c_2 = (6 \cdot H) - c_1$$

$$d = \begin{cases} S \cdot L, & L \leqslant 0.5 \\ S \cdot (L-1), & L > 0.5 \end{cases} \tag{2.25}$$

$$w = L + d, \qquad y = w(w-x) \cdot c_2$$
$$x = L - d, \qquad z = x + (w-x) \cdot c_2$$

借助前述值，可以使用下面的模型计算平面 R'、G'、B' 的归一化值：

$$(R',G',B') = \begin{cases} (w,z,x), & c_2=0 \\ (y,w,x), & c_2=1 \\ (x,w,z), & c_2=2 \\ (x,y,w), & c_2=3 \\ (z,x,w), & c_2=4 \\ (w,x,y), & c_2=5 \end{cases} \tag{2.26}$$

这些值将落在区间 $[0,1]$，因此只需要计算使图像取得最大允许值(一般是 255)的放缩量，这可应用下式：

$$R = \mathrm{round}(255 \cdot R'), \quad G = \mathrm{round}(255 \cdot G'), \quad B = \mathrm{round}(255 \cdot B') \tag{2.27}$$

就可获得在 RGB 模型中定义图像的值。

2.3.9　HSV 和 HSL 模型的比较

尽管两个彩色空间有相似性，但在 V/L 和 S 平面之间还有明显的不同(两个空间的 H 平面是相同的)。这些区别显示在图 2.14 中。HSV 和 HSL 彩色模型之间的主要区别是组织彩色的方式。即，基色红、绿和蓝结合的方式。为说明这个差别，图 2.15～图 2.17 给出了一些点在 RGB、HSV 和 HSL 彩色模型中的分布情况。这个比较基于对 1331 个点在 RGB 模型中初始的均匀分布（见图 2.15），其中各个点在各个维度的距离具有 0.1（11×11×11）的分辨率。从图 2.16 可见，均匀的 RGB 模型分布在 HSV 模型的分布构成一个圆形路径，点的密度随其接近立方体的上表面而增加。与 HSL 模型（见图 2.17）不同，那里点关于中心是对称分布的，而点的密度非常小，特别是在白色区域。考虑到这些情况，在白色区域的某个运动将导致几乎不可检测的彩色变化。

S_{HSV} S_{HSL} $S_{HSV}-S_{HSL}$

V_{HSV} L_{HSL} $V_{HSV}-L_{HSL}$

图 2.14   HSV 和 HSL 彩色模型分量间的比较。HSL 彩色模型的饱和度平面用较大的值表示图像中的亮区域，因此图像中的负值对应这些点。两个模型的色调 H 平面是相同的，没有区别

彩图

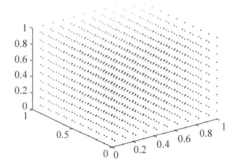

图 2.15   与 HSV 和 HSL 模型进行比较的均匀 RGB 分布

彩图

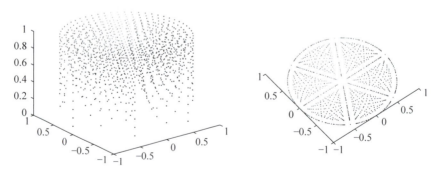

图 2.16   变换图 2.15 的均匀 RGB 分布而得到的 HSV 分布（这个分布在圆环上非对称，随着 V 平面值的增加而有更高的密度）

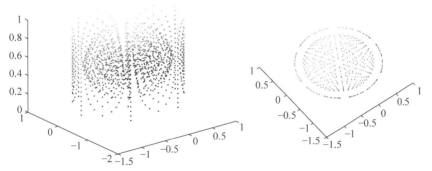

彩图

图 2.17 变换图 2.15 的均匀 RGB 分布而得到的 HSL 分布(这个分布在圆柱体形的空间上对称)

实际中,HSV 模型和 HSL 模型都广泛应用于数字图像处理和图形编程中。在数字图像处理中,对彩色图像背景的分割(彩色抠像)以及分离 H 平面后对剩余平面的处理都很重要。

需要重点考虑的是,随着饱和度平面 S 的减少,确定角度 H 会变得困难。最差的情况是当 S=0 时,H 的值没有定义。

2.4 YUV、YIQ 和 YCbCr 彩色模型

YUV、YIQ 和 YCbCr 彩色模型用于电视领域的图像标准化。YUV 和 YIQ 模型是 NTSC 和 PAL 系统彩色编码的基础,而 YCbCr 模型是数字电视标准的一部分。在所有这些彩色模型中,定义模型的分量包括 3 个平面:亮度和两个色度分量(编码彩色差别)。通过对彩色的这种定义有可能与先前的黑白电视系统兼容,同时允许使用彩色图像的信号。由于人眼无法非常精确地分辨颜色的锐度,相反,人眼对亮度更敏感,因此定义颜色分量的带宽可能会大大减少。这种情况也用于彩色分量算法,如将从 RGB 到 YCbCr 的转换作为算法部分的 JPEG 格式。不过,尽管 YCbCr 模型广泛用于图像处理,特别在压缩应用中,但 YUV 和 YIQ 模型还没有达到相应的程度。

2.4.1 YUV 模型

YUV 模型代表了在美国 NTSC 和欧洲 PAL 视频系统中彩色编码的基础。它的亮度分量根据 RGB 分量由下式定义:

$$Y(x,y) = 0.299R(x,y) + 0.587G(x,y) + 0.114B(x,y) \tag{2.28}$$

其中考虑了 RGB 值已被伽马因子($\gamma_{PAL}=2.2$ 和 $\gamma_{NTSC}=2.8$)校正过(这对电视产业是必需的)。UV 分量是亮度值与 RGB 模型的红色和蓝色平面差别的线性因子。其定义如下:

$$U(x,y) = 0.492[B(x,y) - Y(x,y)], \quad V(x,y) = 0.877[R(x,y) - Y(x,y)] \tag{2.29}$$

考虑定义亮度 $Y(x,y)$ 的公式以及定义色度分量 $U(x,y)$ 和 $V(x,y)$ 的公式,可定义变换矩阵:

$$\begin{bmatrix} Y(x,y) \\ U(x,y) \\ V(x,y) \end{bmatrix} = \begin{bmatrix} 0.299 & 0.587 & 0.114 \\ -0.147 & -0.289 & 0.436 \\ 0.615 & -0.515 & -0.100 \end{bmatrix} \begin{bmatrix} R(x,y) \\ G(x,y) \\ B(x,y) \end{bmatrix} \tag{2.30}$$

从 YUV 到 RGB 的变换可通过对式(2.30)的矩阵求逆得到：

$$\begin{bmatrix} R(x,y) \\ G(x,y) \\ B(x,y) \end{bmatrix} = \begin{bmatrix} 1.000 & 0.000 & 1.140 \\ 1.000 & -0.395 & 0.581 \\ 1.000 & 2.032 & 0.000 \end{bmatrix} \begin{bmatrix} Y(x,y) \\ U(x,y) \\ V(x,y) \end{bmatrix} \tag{2.31}$$

2.4.2　YIQ 模型

YIQ 系统是 YUV 系统的一种变型，其中 I 指相位而 Q 与其正交。I 和 Q 的值可通过几何变换从 U 和 V 的值推出，其中 U 和 V 的平面要旋转 33°并镜像反射。这可定义如下：

$$\begin{bmatrix} I(x,y) \\ Q(x,y) \end{bmatrix} = \begin{bmatrix} 0 & 1 \\ 1 & 0 \end{bmatrix} \begin{bmatrix} \cos\beta & \sin\beta \\ -\sin\beta & \cos\beta \end{bmatrix} \begin{bmatrix} U(x,y) \\ V(x,y) \end{bmatrix} \tag{2.32}$$

其中，$\beta=0.576(33°)$。分量表达了与 YUV 模型定义相同的值。与 YUV 颜色渲染所需的带宽相比，YIQ 模型更好。然而，YUV 模型的应用导致 YIQ 模型很少用。

2.4.3　YCbCr 模型

YCbCr 彩色空间是 YUV 模型的一种变型，可作为数字电视中彩色编码的标准。其色度分量与 YUV 的 U 和 V 分量相似。即，它们被认为是亮度值与红色和蓝色平面的差。不过，与 U 和 V 平面不同，YCbCr 模型使用了不同的因子来影响现有的差别。用来计算这个彩色模型的公式如下：

$$\begin{aligned} Y(x,y) &= w_R R(x,y) + (1-w_B-w_R)G(x,y) + w_B B(x,y) \\ C_b &= \frac{0.5}{1-w_B}[B(x,y)-Y(x,y)], \quad C_r = \frac{0.5}{1-w_R}[R(x,y)-Y(x,y)] \end{aligned} \tag{2.33}$$

类似地，从 YCbCr 到 RGB 的变换定义为

$$\begin{aligned} R(x,y) &= Y(x,y) + \frac{1-w_R}{0.5}C_r \\ G &= Y - \frac{w_B(1-w_B)}{0.5(1-w_B-w_R)}C_b - \frac{w_G(1-w_G)}{0.5(1-w_B-w_R)}C_r \\ B &= Y(x,y) + \frac{1-w_B}{0.5}C_b \end{aligned} \tag{2.34}$$

国际通信联盟(ITU)为执行变换指定了 $w_R=0.299, w_G=0.587, w_B=0.114$。根据这些值，可得到下面的变换矩阵：

$$\begin{bmatrix} Y(x,y) \\ C_b(x,y) \\ C_r(x,y) \end{bmatrix} = \begin{bmatrix} 0.299 & 0.587 & 0.114 \\ -0.169 & -0.331 & -0.500 \\ 0.500 & -0.419 & -0.081 \end{bmatrix} \begin{bmatrix} R(x,y) \\ G(x,y) \\ B(x,y) \end{bmatrix} \tag{2.35}$$

$$\begin{bmatrix} R(x,y) \\ G(x,y) \\ B(x,y) \end{bmatrix} = \begin{bmatrix} 1.000 & 0.000 & 1.403 \\ 1.000 & -0.344 & -0.714 \\ 1.000 & 1.773 & 0.000 \end{bmatrix} \begin{bmatrix} Y(x,y) \\ C_b(x,y) \\ C_r(x,y) \end{bmatrix} \tag{2.36}$$

根据所执行的变换，UV、IQ 和 CbCr 平面会包含正的和负的值。为此，在 CbCr 平面中采用彩色模型进行数字彩色编码时，为表示 8 比特图像，需要加一个 128 的补偿。

图 2.18 给出了对 3 种彩色模型 YUV、YIQ 和 YCbCr 的比较。图中的平面值已考虑了

补偿的 128 以能恰当地显示。据此,灰色值对应接近 0 的实际值,而黑色对应 -1。

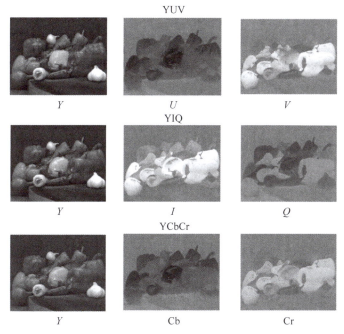

图 2.18 对 YUV、YIQ 和 YCbCr 彩色模型的平面和色度分量的比较

2.5 用于打印图像的有用彩色模型

CMY 和 CMYK 彩色模型广泛应用于彩色打印领域。与如 RGB 等加性平面模型不同,减性彩色模型用于在纸上的打印,其中重叠减少了反射光的强度。为了实现这个过程,至少需要 3 种基色,一般用蓝绿色(C)、品红色(M)和黄色(Y)。

通过减性组合前述 3 种基色(C、M 和 Y),当 $C=M=Y=0$ 时得到白色,而当 $C=M=Y=1$ 时得到黑色。蓝绿色是红色的补色,品红色是绿色的补色,黄色是蓝色的补色。在最简单的形式下,CMY 模型可定义如下:

$$C(x,y)=1-R(x,y), \quad M(x,y)=1-G(x,y), \quad Y(x,y)=1-B(x,y) \quad (2.37)$$

为更好地覆盖 CMY 模型的彩色空间,实际中常结合彩色黑(K)作为一部分,其中 K 的值定义如下:

$$K(x,y)=\min[C(x,y),M(x,y),Y(x,y)] \quad (2.38)$$

使用黑色作为彩色模型的一部分可以通过增加黑色值定义的平面数量而减少 CMY 平面的值。考虑上这个结合,根据黑色平面对处理贡献的不同可以有一些模型的变型。

2.5.1 从 CMY 到 CMYK 的变换(版本 1)

$$\begin{bmatrix} C'(x,y) \\ M'(x,y) \\ Y'(x,y) \\ K'(x,y) \end{bmatrix} = \begin{bmatrix} C(x,y)-K(x,y) \\ M(x,y)-K(x,y) \\ Y(x,y)-K(x,y) \\ K(x,y) \end{bmatrix} \quad (2.39)$$

2.5.2 从 CMY 到 CMYK 的变换（版本 2）

$$\begin{bmatrix} C'(x,y) \\ M'(x,y) \\ Y'(x,y) \end{bmatrix} = \begin{bmatrix} C(x,y)-K(x,y) \\ M(x,y)-K(x,y) \\ Y(x,y)-K(x,y) \end{bmatrix} \cdot \begin{cases} \dfrac{1}{1-K}, & K<1 \\ 1, & \text{其他} \end{cases} \tag{2.40}$$

因为所有定义彩色模型 CMYK 的平面值非常依赖打印过程和纸张种类，实际中各个平面是单独校准的。

2.5.3 从 CMY 到 CMYK 的变换（版本 3）

$$\begin{bmatrix} C'(x,y) \\ M'(x,y) \\ Y'(x,y) \\ K'(x,y) \end{bmatrix} = \begin{bmatrix} C(x,y)-f_1[K(x,y)] \\ M(x,y)-f_1[K(x,y)] \\ Y(x,y)-f_1[K(x,y)] \\ f_2[K(x,y)] \end{bmatrix} \tag{2.41}$$

其中，K 的值定义在式(2.38)中。函数 f_1 和 f_2 通常是非线性的，当使用式(2.41)时，C'、M'、Y'、K' 的值会超出 $[0,1]$ 区间，因此需要进行限制。函数 f_1 和 f_2 可以有不同的构造，但有些与最常用的图像处理程序 Adobe Photoshop 相对应，如下：

$$f_1[K(x,y)] = \text{const} \cdot K(x,y)$$
$$f_2[K(x,y)] = \begin{cases} 0, & K<K_0 \\ K\dfrac{K-K_0}{1-K_0}, & K \geqslant K_0 \end{cases} \tag{2.42}$$

其中，$\text{const}=0.1$，$K_0=0.3$，则 $K_{\max}=0.9$。由此变型可见，f_1 的值通过减少 K 的值能减少 CMY 平面值的 10%。

2.6 色度模型

校正的彩色模型被用来准确地重建彩色，而不考虑显示设备。这在从渲染到打印的每个图像处理步骤都有此需要。该问题并不简单。要用彩色打印机打印一幅图像并获得与所需打印模式很相似的结果是很困难的。所有这些问题大都与重建或管理图像时对设备的依赖有关。

前面讨论的所有彩色模型都与显示图像的输出设备的物理测量有关，如电视显像管的荧光体或激光打印机的可配置参数。为生成与不同输出模式相对应的色彩，并使不管采用什么显示设备都产生完全相同的图像，一个彩色模型必须考虑表达的独立性。这些模型称为色度模型或校准模型。

2.6.1 CIEXYZ 彩色空间

1920 年，国际照明委员会开发了 XYZ 标准模型，这是现在使用的大多数校准模型的基础。

这个模型是依据很多严格条件下的测量而开发的。这个模型包含 3 个虚拟的基色 X、Y 和 Z，用它们的正分量就可以描述所有彩色及彩色组合。由此定义的彩色处于一个 3-D

空间内，如图 2.19(a)所示，具有糖晶体的形状。

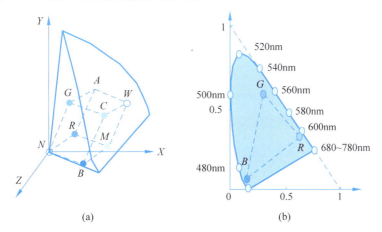

图 2.19　CIEXYZ 彩色模型和 CIE 色度图

(a) CIEXYZ 彩色模型通过 3 个虚拟彩色 X、Y 和 Z 来定义。Y 坐标定义亮度，而 X 和 Z 坐标定义色度。所有可见彩色都在图中的非规则立体中。(b) 2-D 的 CIE 色度图对应 3-D 的 CIEXYZ 模型的水平平面。CIE 色度图表达了所有可见彩色的色度而没考虑其亮度

绝大多数彩色模型都可以通过坐标变换转换成 XYZ 彩色模型，或反过来。考虑到这一点，RGB 模型在 XYZ 模型中可看作一个非规则立体(几乎是平行立体)，根据线性变换，RGB 模型中的线在 XYZ 模型中仍构成线。CIEXYZ 空间从人的角度看是非线性的。即模型中距离的变化并不对应彩色的线性变化。

2.6.2　CIE 色度图

在 XYZ 彩色模型中，考虑到黑色的值是 $Y=Z=0$，彩色的亮度随沿 Y 轴值的增加而增加。为了在 2-D 平面中清晰地表达彩色，CIE 定义如下因子 x、y 和 z：

$$x = \frac{X}{X+Y+Z}, \quad y = \frac{Y}{X+Y+Z}, \quad z = \frac{Z}{X+Y+Z} \tag{2.43}$$

其中，很明显有 $x+y+z=1$，因此 z 的值是多余的。x 和 y 的值构成了 CIE 色度图的空间，如图 2.19(b)所示是舌头形。CIE 系统中所有可见的彩色都可以用三元组 (Y, x, y) 表达，其中，Y 代表 XYZ 系统的亮度分量。图 2.20 给出了表面有彩色映射的 CIE 色度图。

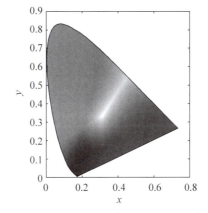

图 2.20　CIE 的 2-D 色度图，表达了 x-y 对所代表的相应彩色

尽管定义在式(2.43)中的数学关系看起来简单,但它不易理解也不直观。考虑一个常数 Y 值,可以从 CIE 空间截出一个代表变量 x 和 y 之间非线性联系的水平平面。在 $Y=1$ 的情况下,该平面定义如下:

$$x = \frac{X}{X+1+Z}, \quad y = \frac{1}{X+1+Z} \tag{2.44}$$

确定 XYZ 空间值的逆变换如下($Y=1$):

$$X = \frac{x}{y}, \quad Y = 1, \quad Z = \frac{z}{y} = \frac{1-x-y}{y} \tag{2.45}$$

CIE 色度图与人眼对彩色的灵敏度有关。但它同时代表了一个具有某些有趣特征的数学构建。沿 CIE 表面边界的点 (x,y) 是具有最大饱和度的光谱色,对应 400nm(紫罗兰色)到 780nm(红色)的不同波长。因此,每个彩色的位置可根据与任何基色的关系来计算。例外的是在 380nm 和 780mm 的连接线(或紫色线)上,它在任何基色之外。紫色线上的彩色值只能通过与其相反的彩色的补色来得到。向着 CIE 色度图的中部(见图 2.20),彩色的饱和度减少直到到达模型的白色点,此时 $x=y=1/3$,或 $X=Y=Z=1$。

2.6.3 照明标准

色度学的一个中心目标是在实际中测量彩色的特性,而这些重要特性之一是照明。为此,CIE 定义了一组照明标准,其中有两个在数字彩色模型领域中非常重要。

这两个标准如下:

(1) D50。它对应 5000K 的温度,并模仿聚光灯产生的光线。D50 可作为图像产生的反射的参考,主要用于打印应用。

(2) D65。它对应 6500K 的温度,并模拟白天早晨的光线。D65 可作为图像再现时的设备参考,如显示器的情况。

这些标准有两个用途:一方面,它们作为观察彩色的环境照明规范;另一方面,它们用于确定白色点,作为 CIE 色度图射出的不同彩色模型的参考(见表 2.1)。

表 2.1 CIE 照明标准 D50 和 D65

标准	温度/K	X	Y	Z	x	y
D50	5000	0.96429	1.00000	0.82510	0.3457	0.3585
D65	6500	0.95045	1.00000	1.08905	0.3127	0.3290
N	—	1.00000	1.00000	1.00000	1/3	1/3

N 表示 CIEXYZ 彩色模型的绝对中性点。

2.6.4 色度适应

定义对空间彩色的捕获与作为其他彩色形成参考的白色点直接相关。考虑有两个不同的参考白点构成了两个不同彩色空间的参考。这些点如下定义:

$$\boldsymbol{W}_1 = (X_{W1}, Y_{W1}, Z_{W1}), \quad \boldsymbol{W}_2 = (X_{W2}, Y_{W2}, Z_{W2}) \tag{2.46}$$

因此,要确定两个系统的等价性,就需要执行某些称为色度适应的变换。

该变换的计算将一个白色点作为参考,并将其转换为对应另一个彩色空间里参考白色

点的值。实际中,该线性变换用矩阵 $\boldsymbol{M}_{\mathrm{CAT}}$ 定义:

$$\begin{bmatrix} X_2 \\ Y_2 \\ Z_2 \end{bmatrix} = \boldsymbol{M}_{\mathrm{CAT}}^{-1} \begin{bmatrix} \dfrac{r_2}{r_1} & 0 & 0 \\ 0 & \dfrac{g_2}{g_1} & 0 \\ 0 & 0 & \dfrac{b_2}{b_1} \end{bmatrix} \boldsymbol{M}_{\mathrm{CAT}} \begin{bmatrix} X_1 \\ Y_1 \\ Z_1 \end{bmatrix} \qquad (2.47)$$

其中,(r_1, g_1, b_1) 和 (r_2, g_2, b_2) 代表利用线性变换 $\boldsymbol{M}_{\mathrm{CAT}}$ 从白色参考点 W_1 和 W_2 转换来的值。该过程可表示如下:

$$\begin{bmatrix} r_1 \\ g_1 \\ b_1 \end{bmatrix} = \boldsymbol{M}_{\mathrm{CAT}} \begin{bmatrix} X_{W1} \\ Y_{W1} \\ Z_{W1} \end{bmatrix}, \quad \begin{bmatrix} r_2 \\ g_2 \\ b_2 \end{bmatrix} = \boldsymbol{M}_{\mathrm{CAT}} \begin{bmatrix} X_{W2} \\ Y_{W2} \\ Z_{W2} \end{bmatrix} \qquad (2.48)$$

实际中最常用的变换矩阵依据"布拉德福德"(Bradford)模型,可定义如下:

$$\boldsymbol{M}_{\mathrm{CAT}} = \begin{bmatrix} 0.8951 & 0.2664 & -0.1614 \\ -0.7502 & 1.7135 & 0.0367 \\ 0.0389 & -0.0685 & 1.0296 \end{bmatrix} \qquad (2.49)$$

2.6.5 色域

一个彩色模型用来记录、播放和显示彩色的整个集合称为色域。这个集合与 CIEXYZ 的 3-D 空间域相关联,其中维数通过仅考虑色调而不考虑照明来减小,从而定义了一个 2-D 区域,就像在前面对 CIE 色度图已经多次处理过的那样。

图 2.21 给出了一些 CIE 色度图中的色域示例。显示设备的色域基本上依赖于表达数据的物理原理。例如,计算机显示器就不能显示彩色模型中的所有彩色。反之,显示器可以显示用于表达的彩色模型中未考虑的不同彩色。

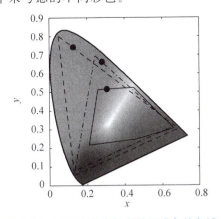

图 2.21 不同彩色空间和显示设备的色域

彩色空间之间有很大的差别。在 RGB 空间的色域和 CMYK 模型的色域的情况下,这种差异具有特殊意义。对于显示设备,也可以推断出同样的情况,其中激光打印机的色域非常宽(见图 2.21)。

2.7 CIE 彩色空间的变型

CIEXYZ 彩色空间和从中推出的 x-y 系统如果用作彩色模型有一个明显的缺点。即在彩色空间内较小的几何距离变化会导致彩色感知的突然变化。按这种方式，在品红色区域的大变化会由非常小的位置变化而产生；而在绿色区域，大的位置变化几乎不会引起色调的小变化。因此，为不同的应用开发了 CIE 系统的变型，其中心目标或者是更好地表达人类感知的彩色或者是更好地适应应用的变化。这些变型允许改进表达格式和彩色感知而不放弃 CIE 色度图的质量。变型的例子包括 CIE 的 YUV、$L^*u^*v^*$ 和 $L^*a^*b^*$。

2.8 CIE 的 $L^*a^*b^*$ 模型

$L^*a^*b^*$ 模型的开发思路是线性化位置变化与色调变化的关系，从而改进人类感知这些变化的方式，使这些模型更直观。在这个彩色模型中，空间有 3 个变量定义，表达亮度的 L^* 以及色调分量 a^* 和 b^*。这里 a^* 的值定义了在红-绿轴方向上的距离，而 b^* 的值定义了在蓝-黄轴方向上的距离，这些轴都定义在 CIEXYZ 空间中。这 3 个定义空间的分量都相对于一个白点 $C_{ref}=(X_{ref},Y_{ref},Z_{ref})$，其中用到了非线性校正（类似于伽马校正）。

2.8.1 从 CIEXYZ 到 $L^*a^*b^*$ 的变换

从 CIEXYZ 模型到 $L^*a^*b^*$ 空间的变换根据 ISO 13655 定义：

$$L^* = (118 \cdot Y') - 16, \quad a^* = 500 \cdot (X' - Y'), \quad b^* = 200 \cdot (Y' - Z') \tag{2.50}$$

其中，

$$X' = f_1\left(\frac{X}{X_{ref}}\right), \quad Y' = f_1\left(\frac{Y}{Y_{ref}}\right), \quad Z' = f_1\left(\frac{Z}{Z_{ref}}\right) \tag{2.51}$$

f_1 定义如下：

$$f_1(p) = \begin{cases} p^{1/3}, & p > 0.008856 \\ 7.787 \cdot p + \dfrac{16}{116}, & p \leqslant 0.008856 \end{cases} \tag{2.52}$$

在根据 D65（见表 2.1）定义的参考白点 $C_{ref}=(X_{ref},Y_{ref},Z_{ref})$，有 $X_{ref}=0.95047$、$Y_{ref}=1.0$、$Z_{ref}=1.08883$。L^* 的值总是正的，且在区间 $[0,1]$ 中（可很方便地放缩到区间 $[0,255]$）。a^* 和 b^* 的值在区间 $[-127,127]$ 中。图 2.22 所示为将一幅图像分解到其不同的 L^*、a^*、b^* 分量的示例。

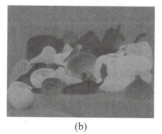

(a) (b) (c)

图 2.22 $L^*a^*b^*$ 彩色空间的分量
(a) L^*；(b) a^*；(c) b^*

2.8.2 从 L*a*b* 到 CIEXYZ 的变换

从 L*a*b* 模型到 CIEXYZ 空间的逆变换由下面的公式定义:

$$X = X_{\text{ref}} \cdot f_2\left(\frac{a^*}{500} + Y'\right), \quad Y = Y_{\text{ref}} \cdot f_2(Y'), \quad Z = Z_{\text{ref}} \cdot f_2\left(Y' - \frac{b^*}{200}\right) \quad (2.53)$$

其中,

$$Y' = \frac{L^* + 16}{116}$$

$$f_2(p) = \begin{cases} p^3, & p^3 > 0.008856 \\ \dfrac{p - (16/116)}{7.787}, & p^3 \leqslant 0.008856 \end{cases} \quad (2.54)$$

2.8.3 确定彩色差别

L*a*b* 彩色模型设计用于产生一个一致的彩色变化与位置变化。这种高度线性化可借助矢量差以确定一个允许评价彩色平面差别的准则。具体来说,两个彩色 Col_1 和 Col_2 之间的差别可用它们之间的欧氏距离来定义。两个彩色之间的欧氏距离定义如下:

$$\text{Dist}(\text{Col}_1, \text{Col}_2) = \text{Col}_1 - \text{Col}_2 = \sqrt{(L_1^* - L_2^*)^2 + (a_1^* - a_2^*)^2 + (b_1^* - b_2^*)^2} \quad (2.55)$$

2.9 sRGB 模型

基于彩色空间的 CIE 模型,如 L*a*b*,是与显示独立的,并且一般有很宽的色域,这实际上允许表达所有定义在 CIEXYZ 空间的色调。sRGB(标准 RGB)模型正是基于 CIE 模型而开发的,具有这些优势。sRGB 模型不仅由定义 RGB 基色的彩色矢量组成而且隐含地包括了将白色点作为参考的定义。尽管有上述特性,但 sRGB 模型与 L*a*b* 模型相比具有小得多的色域。有些存储图像的格式是用这个彩色模型定义的。在它们中间,包括 EXIF 或 PNG。

该模型的分量是借助由矩阵 $\boldsymbol{M}_{\text{RGB}}$ 确定的线性变换得到的,定义如下:

$$\begin{bmatrix} R \\ G \\ B \end{bmatrix} = \boldsymbol{M}_{\text{RGB}} \cdot \begin{bmatrix} X \\ Y \\ Z \end{bmatrix} \quad (2.56)$$

其中,

$$\boldsymbol{M}_{\text{RGB}} = \begin{bmatrix} 3.2406 & -1.5372 & -0.4986 \\ -0.9689 & 1.8758 & 0.0415 \\ 0.0557 & -0.2040 & 1.0570 \end{bmatrix} \quad (2.57)$$

同样,相对的转换可定义如下:

$$\begin{bmatrix} X \\ Y \\ Z \end{bmatrix} = \boldsymbol{M}_{\text{RGB}}^{-1} \cdot \begin{bmatrix} R \\ G \\ B \end{bmatrix} \quad (2.58)$$

其中,

$$\boldsymbol{M}_{\text{RGB}}^{-1} = \begin{bmatrix} 0.4124 & 0.3576 & 0.1805 \\ 0.2126 & 0.7152 & 0.0722 \\ 0.0193 & 0.1192 & 0.9505 \end{bmatrix} \quad (2.59)$$

2.10 彩色图像处理的 MATLAB 函数

本节描述 MATLAB 用于彩色图像处理的函数。这里描述的函数允许操纵、转换彩色空间，以及与彩色图像进行交互。

2.10.1 处理 RGB 和索引图像的函数

如前所述，一幅索引图像由两个分量生成：一个索引数据数组和一个定义调色板的数组。调色板 map 是一个 $m \times 3$ 的矩阵。在 MATLAB 中，该矩阵为双精度数据类型。调色板的长度 m 指定它可以表达的彩色数量，而维数 3 指定通过组合构成索引彩色的对应各个 RGB 彩色平面的值。为显示一幅索引图像需要为函数 imshow 提供索引数据数组和调色板的信息：

imshow(index,map)

MATLAB 有若干预先定义的调色板。表 2.2 给出了 MATLAB 中可用的调色板和它们在显示一幅图像时的差别，以及所表达的彩色谱。

视频

表 2.2 MATLAB 预先定义的调色板

调色板	说明	示例图像和彩色谱
autumn	执行一个从橙色到黄色的平滑变化	
bone	是一个灰度调色板，考虑了蓝色平面的高值	
colorcube	包含从 RGB 模型采样的彩色定义，同时保留了更多的灰度、红色、绿色和蓝色的级别	

续表

调 色 板	说　　　明	示例图像和彩色谱
cool	定义了一组从蓝绿色到品红色平滑变化的彩色	
copper	稍微变化彩色，从黑色到铜色	
flag	定义彩色为红色、白色、蓝色和黑色。彩色定义从一个指标到另一个的完全变化（过渡不平滑）	
gray	定义一个灰度模式	
hot	从黑色到红色、橙色和从黄色到白色的平滑变化	
hsv	色调分量从最大级别、饱和度分量从最小级别变化。过渡从红色、黄色、绿色、蓝绿色、蓝色、品红再返回红色	
jet	彩色过渡定义为从蓝色到红色，中间经过蓝绿色、黄色和橙色	

续表

调色板	说明	示例图像和彩色谱
pink	定义粉红色的阴影。这个调色板生成深褐色图像	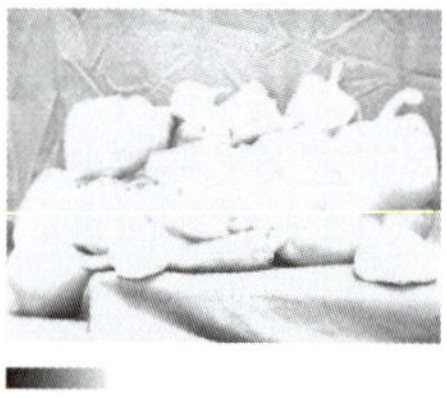
prism	定义从红色、橙色、黄色、绿色、蓝色和紫色的重复彩色	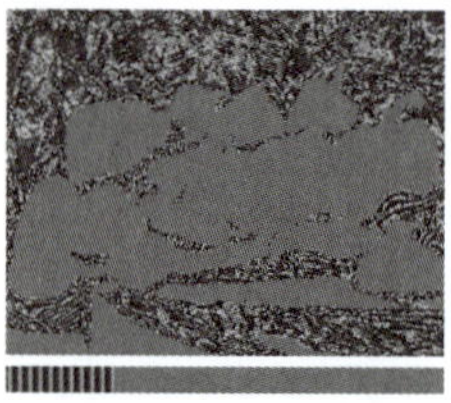
spring	定义给出品红色和黄色色泽的彩色	
summer	定义给出品绿色和黄色阴影的彩色	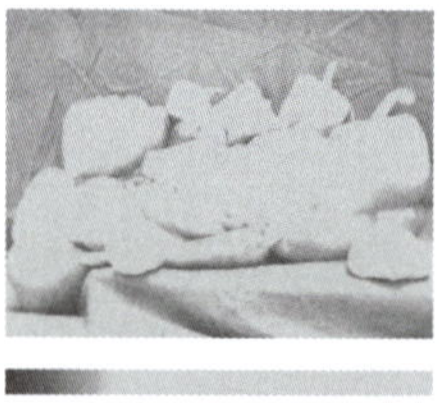
winter	定义给出蓝色和绿色色泽的彩色	

为解释清楚,本节使用下列约定:当涉及 RGB 图像时,图像用 rgb 标识;当图像是灰度图像时,则用 gray 标识。如果图像是索引图像,它将被标识为 index;如果图像是二值图像,它将被标识为 bw。

图像处理中的一个常用操作是将一幅 RGB 图像转换为灰度图像。函数 rgb2gray 通过应用式(2.7)中定义的方法之一实现这个操作。该函数的语法描述如下:

gray = rgb2gray(rgb);

抖动是打印和广告业中利用不同尺寸标记点的不同分布密度来给出灰度视觉印象的一种操作。在灰度图像的情况下,使用抖动将构建一幅黑色点在白色背景上或反过来的二值图像。这个过程中使用的像素随着从亮区域的小尺寸到暗区域的大尺寸而增加。亮区域可以通过追踪被黑点分布污染的白色区域得到,而暗区域可通过定义一个黑色区域并对其加一些污染白点得到。很明显,点的密度对抖动操作有决定性的效果。实现抖动算法的主要问题是平衡视觉感知的精确度与点的数量和尺寸的复杂度。MATLAB 用函数 dither 来实现抖动过程。该算法基于 Floyd 和 Steinberg 的方案。用于灰度图像的函数的通用语法为:

```
bw = dither(gray);
```

图 2.23 给出了原始图像和使用函数 dither 抖动该图像得到的结果。

图 2.23　使用 MATLAB 实现的函数 dither 对一幅灰度图像进行抖动得到的结果
(a) 原始图像;(b) 使用函数 dither 抖动(a)中图像得到的结果

MATLAB 使用函数 rgb2ind 将一幅 RGB 图像转换为一幅索引图像。该函数的通用语法为

```
[index,map] = rgb2ind(rgb,n,'option_for_dithering');
```

其中,n 确定彩色调色板用来表达图像的彩色数量,option_for_dithering 定义是否将抖动操作用于图像。该选项有两种可能的标志:dither 表示使用抖动操作,nodither 表示在图像转换中不使用抖动操作。默认值是 dither。index 按收定义索引图像的数据数组,而 map 是彩色调色板。图 2.24 给出了一个将 RGB 图像转换为索引图像的示例,其中图 2.24(a)所用参数为 $n=7$ 和 option_for_dithering = 'dither';图 2.24(b)所用参数为 option_for_dithering='nodither'。

图 2.24　使用函数 **rgb2ind** 得到的索引图像
(a) 使用抖动;(b) 没有使用抖动

彩图

函数 ind2rgb 将一幅索引图像转换为 RGB 图像,其语法定义如下:

```
rgb = ind2rgb(index,map);
```

其中,index 是索引图像的数据数组,map 是彩色调色板。表 2.3 列出了图像处理工具箱中用于转换 RGB、索引和灰度图像的函数。

表 2.3　图像处理工具箱中用于转换 RGB、索引和灰度图像的函数

MATLAB 函数	目　　的
dither	使用抖动过程从一幅 RGB 图像创建一幅索引图像
grayslice	使用多阈值技术从一幅灰度图像创建一幅索引图像
gray2ind	从一幅灰度图像创建一幅索引图像
ind2gray	从一幅索引图像创建一幅灰度图像
rgb2ind	从一幅 RGB 图像创建一幅索引图像
ind2rgb	从一幅索引图像创建一幅 RGB 图像
rgb2gray	从一幅 RGB 图像创建一幅灰度图像

2.10.2　彩色空间转换的函数

本小节描述 MATLAB 图像处理工具箱中在不同彩色模型之间转换的函数。从大部分函数的名称上可直观地看出所执行的类型转换(有几个例外)。

函数 rgb2ntsc 允许将定义在 RGB 模型中的图像转换到 YIQ 空间(见 2.4 节)。函数名称表示这个模型用于美国 NTSC 电视系统。该函数的通用语法是：

　　yiq = rgb2ntsc(rgb);

其中，rgb 是一幅定义在 RGB 模型中的图像；yiq 中是将对应 RGB 图像转换到 YIQ 彩色空间的结果。图像 yiq 的数据类型是双精度。图像 yiq 的分量如 2.4 节所示为亮度(Y)yiq(:,:,1)、色调(I)yiq(:,:,2)和饱和度(Q)yiq(:,:,3)。

另外，函数 ntsc2rgb 允许执行相反的转换，即将一幅定义在 YIQ 模型中的图像转换为 RGB 图像。该函数的通用语法是：

　　rgb = ntsc2rgb(yiq);

其中，yiq 和 rgb 图像都是双精度类型，这在将生成的图像用函数 imshow 显示时很重要。

函数 rgb2ycbcr 允许将定义在 RGB 模型中的图像转换到 YCbCr 空间(见 2.4 节)。该函数的通用语法是：

　　ycbcr = rgb2ycbcr(rgb);

其中，rgb 是一幅定义在 RGB 模型中的图像，ycbcr 中是将对应 RGB 图像转换到 YCbCr 彩色空间的结果。图像 ycbcr 的数据类型是双精度。

反过来，函数 ycbcr2rgb 允许进行从一幅定义在 YCbCr 模型中的图像到 RGB 图像的转换。该函数的通用语法是：

　　rgb = ycbcr2rgb(ycbcr);

其中，ycbcr 和 rgb 图像都是双精度类型，当将生成的图像用函数 imshow 显示时很重要。

在 2.3.4 小节讨论的 HSV 模型最常用于从预先定义的调色板中选择彩色。这个彩色系统看起来比 RGB 更直观，因为它更好地描述了人类获取彩色的方式。函数 rgb2hsv 将一幅由 RGB 模型定义的图像转换到 HSV 空间。该函数的通用语法是：

　　hsv = rgb2hsv(rgb);

其中，图像 hsv 是在区间[0,1]中的双精度类型。函数 hsv2rgb 执行相反的操作，即从由 HSV 模型定义的图像得到定义于 RGB 空间的图像。该函数的通用语法是：

```
rgb = hsv2rgb(hsv);
```

其中，hsv 和 rgb 图像都是双精度类型。

蓝绿色、品红色和黄色在色素沉着方面被认为是光的二次色。大多数设备(如打印机和复印机)用来在纸上进行色素沉着。这需要定义为 CMY 格式(见 2.5 节)的输入数据，且一般执行从 RGB 到 CMY 的内部转换。这种转换可用一个简单定义的减法来实现：

$$C(x,y) = 1 - R(x,y), \quad M(x,y) = 1 - G(x,y), \quad Y(x,y) = 1 - B(x,y) \quad (2.60)$$

在这个转换中，假设所有值已经被归一化到区间[0,1]中。从式(2.60)可以观察到若干个有趣现象，如只包括蓝绿色的彩色中不包含红色，类似的事情也出现在品红色-绿色、黄色-蓝色的关系中。在式(2.60)中，CMY 的值对应 RGB 的补，这些模型间的转换可以使用图像处理工具箱中的补函数 imcomplement 来实现。将一幅 RGB 模型的图像转换为 CMY 格式可以使用如下命令：

```
cmy = imcomplement(rgb);
```

类似地，这个相同的函数可用来将一幅 CMY 图像转换为 RGB 图像：

```
rgb = imcomplement(cmy);
```

2.11 彩色图像处理

本节学习主要的用于彩色图像的图像处理操作。为了更好地讨论用于彩色图像处理的技术，将相关操作分成 3 组：线性彩色变换、空域处理和矢量处理。

线性彩色变换类指完全在定义彩色图像的各个不同平面的像素上的操作。这种类型的操作与上册第 1 章所讨论的类似，区别是那里的操作仅用于一幅灰度图像，而现在的操作用于各个彩色平面，因此从理论上说，上册第 1 章的操作可用于彩色图像，但要分别用于彩色图像的各个分量。

空域处理操作不仅考虑像素本身，而且考虑像素周围一定的邻域。这种类型的操作与上册第 2 章的操作密切相关，区别是对彩色图像，处理是对各个彩色平面进行的。考虑到这点，大多数上册第 2 章的操作，如滤波，可以应用于这类图像。

像素级别和空域处理的操作作用于各个平面，而在矢量处理中各个操作要对各个彩色分量同时进行。为实现矢量操作，将图像中的各个像素表达成一个矢量，对于 RGB 模型的图像为

$$c(x,y) = \begin{bmatrix} c_R(x,y) \\ c_G(x,y) \\ c_B(x,y) \end{bmatrix} \quad (2.61)$$

2.12 线性彩色变换

本节讨论的技术基于单个像素处理，对图像的各个平面进行操作。这种操作与上册第 1 章中对灰度图像的处理类似。这些操作的处理种类具有下列模型：

$$c_i = f_i(p_i), \quad i = 1,2,3 \quad (2.62)$$

其中，p 是像素平面 i 的值，函数 f_i 处理平面 i，像素 c 的值也是平面 i 的。

这种可用于彩色图像类型的操作集合包括大多数上册第 1 章所介绍的操作。对灰度图像只有在这种情况下对应彩色图像的各个平面。因此，本节仅考虑一些重要操作。

图像中的线性变换可被定义为图像中彩色平面的不同强度值之间的联系。另外，彩色强度的变化与强度值在各个平面的分布有关，如果分布更集中于较小的强度值，则图像看起来具有较少的彩色内容。反过来，如果强度值更集中于较大的强度值，则图像将有较多的彩色内容。用来进行图像中彩色线性变换的算子 $f(\cdot)$ 可定义如下：

$$c_i = f_i(x,y) = o \cdot p_i + b \tag{2.63}$$

其中，o 改变平面 i 的强度值的对比度而 b 改变亮度或照明的值。图 2.25 以图的形式给出了由操纵 o 和 b 导致的不同变化。

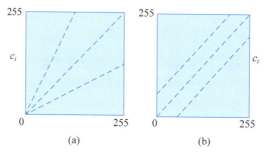

图 2.25　当修改式 (2.63) 的值时，在每个平面的结果像素中生成映射的图表示
(a) o；(b) b

可以使用图像处理工具箱中的函数 imadjust 在彩色图像上各个平面进行线性变换操作。该函数的通用语法定义如下：

newrgb = imadjust(rgb,[low_in;high_in],[low_out;high_out]);

函数 imadjust 映射各个 rgb 平面的强度值到新图像 newrgb 的各个彩色平面的强度值。

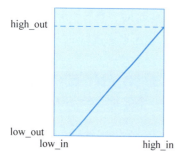

图 2.26　在彩色图像的各个平面进行的变换所用参数间的联系

操作将 low_in 值到 high_in 值线性地变换为 low_out 值到 high_out 值。低于 low_in 的值和高于 high_in 的值则简单地取对应值。如果希望使用整个范围来进行变换，可使用空 [ ] 作为参数，这意味使用区间 [0,1]。所有定义变换的极限值都考虑为已经归一化到区间 [0,1] 中。图 2.26 给出了变换输出图像中的映射参数和它们的联系。

在彩色图像的情况下，参数 low_in、high_in、low_out 和 high_out 代表维数为 3 的矢量，其中各列的值定义各个彩色平面的极限。

图 2.27 给出了使用该函数的一个示例，其中考虑了不同的线性变换。图 2.27(a) 是变换使用的原始图像。在图 2.27(b) 中，变换参数是 low_in＝[0.2 0.3 0]、low_out＝[0.6 0.7 1]、high_in＝[0 0 0] 和 high_out＝[1 1 1]。在图 2.27(c) 中，变换参数是 low_in＝[0.2 0.2 0.2]、low_out＝[0.6 0.7 1]、high_in＝[0 0 0] 和 high_out＝[0.7 0.7 0.7]。在图 2.27(d) 中，变换参数是 low_in＝[0.2 0.2 0.2]、low_out＝[0.5 0.5 0.5]、high_in＝[0.3 0.3 0.3] 和 high_out＝[0.7 0.7 0.7]。

(a)   (b)   (c)   (d)

图 2.27　使用函数 imadjust 和不同的变化参数对图像进行线性变换的例子

(a) 原始图像；(b) 参数 low_in=[0.2 0.3 0], low_out=[0.6 0.7 1], high_in=[0 0 0] 和 high_out=[1 1 1]；(c) 参数 low_in=[0.2 0.2 0.2], low_out=[0.6 0.7 1], high_in=[0 0 0] 和 high_out=[0.7 0.7 0.7]；(d) 参数 low_in=[0.2 0.2 0.2], low_out=[0.5 0.5 0.5], high_in=[0.3 0.3 0.3] 和 high_out=[0.7 0.7 0.7]

2.13　彩色图像的空域处理

前面讨论的线性变换操作的基本特征是新像素计算的值仅仅依赖于各个平面的原始像素值，且位于新图像平面的相同位置。尽管可以使用像素操作对图像进行很多处理，但在一些条件下不可能使用它们产生某些效果，如在图像平滑或边缘检测中。彩色图像的空域处理可看作一种新计算出的像素值不仅依赖于原始像素而且依赖于该像素的某个邻域的操作。很明显，这个处理考虑对图像的彩色平面独立地进行操作。图 2.28 给出了对一幅彩色图像的某个特殊操作过程。

图 2.28　对一幅彩色图像的空域处理
（该处理使用了定义各个彩色平面操作区域的系数矩阵）

这种类型的处理与上册第 2 章介绍的操作密切相关，区别是在彩色图像的情况下，处理要对每个彩色平面进行。考虑到这一点，大多数上册第 2 章介绍的操作，如滤波，可以用于彩色图像。因此，下面仅讨论最常用的重要操作。

2.13.1　彩色图像平滑

如在上册第 2 章讨论过的，在强度图像或彩色图像中，区域或像素可以出现一个平面值的局部突变。反过来，有些平面的区域或像素的强度值保持为常数。平滑彩色图像的一种方法是将各个平面的一个像素的值简单地用该像素的邻域平均值来替换。

为计算平滑后平面的像素值 $I(x,y)$，使用原始平面的像素以及该像素的 8 个邻近像素 $p_1, p_2, \cdots, p_8$，这 9 个像素的算术均值计算如下：

$$I'(x,y) \leftarrow \frac{p_0 + p_1 + p_2 + p_3 + p_4 + p_5 + p_6 + p_7 + p_8}{9} \tag{2.64}$$

用相对于平面的坐标，上述计算可写成：

$$I'(x,y) \leftarrow \frac{1}{9} \begin{bmatrix} I(x-1,y-1) & + & I(x,y-1) & + & I(x+,y-1) & + \\ I(x-1,y) & + & I(x,y) & + & I(x+1,y) & + \\ I(x-1,y+1) & + & I(x,y+1) & + & I(x+1,y+1) & \end{bmatrix} \tag{2.65}$$

这可以用紧凑的形式表示为

$$I'(x,y) \leftarrow \frac{1}{9} \sum_{j=-1}^{1} \sum_{i=-1}^{1} I(x+i, y+j) \tag{2.66}$$

这个计算出来的局部平均值参考了滤波器中所有的典型元素。准确地说，这个滤波器是最常用滤波器的范例，即线性滤波器。在彩色图像的情况下，这个过程需要对图像中的每个平面进行。

2.13.2 用 MATLAB 平滑彩色图像

为用空域滤波器平滑一幅彩色图像，要执行下列过程：
(1) 提取彩色图像的每个平面；
(2) 用相同的滤波器结构对每个彩色平面单独进行滤波；
(3) 将各个平面的结果合并起来产生新平滑出来的彩色图像。

MATLAB 中执行空域滤波的函数是 imfilter；它的语法、参数和细节在上册 2.9.3 小节中已讨论过。因此，本节仅使用它。

作为一个例子下面讨论 MATLAB 中为平滑一幅 RGB 图像而使用的一系列命令。在这个例子中，将使用一个 7×7 的盒滤波器（见上册第 2 章）。需要平滑的图像在变量 RGB 中。用来进行平滑图像的命令如下：

```
1    >> R = RGB(:,:,1);
2    >> G = RGB(:,:,2);
3    >> B = RGB(:,:,3);
4    >> w = (ones(7,7)/49);
5    >> Rf = imfilter(R,w);
6    >> Gf = imfilter(G,w);
7    >> Bf = imfilter(B,w);
8    >> RGBf(:,:,1) = Rf;
9    >> GGBf(:,:,2) = Gf;
10   >> BGBf(:,:,3) = Bf;
```

命令 1~3 分离各个平面，并将它们赋予变量 R、G 和 B。命令 4 生成空域滤波器系数矩阵，可见是一个对 7×7 影响区域的平均（更多细节见上册第 2 章）。命令 5~7 使用命令 4 定义的滤波器执行对各个平面的空域滤波。最后命令 8~10 将滤波的平面结合起来构成新的平滑图像。图 2.29 给出了对一幅彩色图像执行这些命令得到的结果示例。

(a) (b)

图 2.29　执行上述命令得到的彩色平滑图像
(a) 原始图像；(b) 平滑的图像

2.13.3 彩色图像的锐化增强

如果将拉普拉斯算子用于彩色图像的各个平面,将可得到相应平面中的边缘。不过,如果希望改进图像的锐度,就需要借助拉普拉斯滤波器保留原始平面中的低频信息并增强平面中的细节。为获得这样的效果,需要从原始图像中减去一个用拉普拉斯滤波器滤波平面的缩放版本。在这样的条件下,改进锐度的平面可用下式产生:

$$I(x,y)_B = I(x,y) - w\nabla^2 I(x,y) \tag{2.67}$$

图 2.30 图示了这种想法,一幅图像通过使其中的边缘更明显而被锐化。为方便描述,考虑了 1-D 情况。

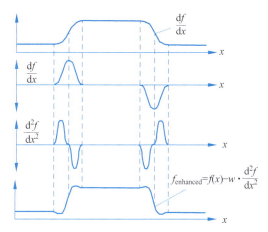

图 2.30 通过使用二阶导数进行锐化(通过从函数的二阶导数减去一个因子,可以最大化图像中轮廓的存在)

改进一个平面的锐化效果可以用单个过程来实现。考虑 $w=1$,这个过程可建模如下:

$$I(x,y)_B = I(x,y) - (1) \cdot \nabla^2 I(x,y) \tag{2.68}$$

并考虑拉普拉斯算子(见上册 1.5 节)具有如下结构:

$$\nabla^2 I(x,y) = I(x+1,y) + I(x-1,y) + I(x,y+1) + I(x,y-1) - 4I(x,y) \tag{2.69}$$

最终的表达式定义如下:

$$I(x,y)_B = 5I(x,y) - [I(x+1,y) + I(x-1,y) + I(x,y+1) + I(x,y-1)] \tag{2.70}$$

或者,描述成滤波器,则其系数矩阵定义如下:

$$\mathbf{I}(x,y)_{\text{Bettered}} = \begin{bmatrix} 0 & -1 & 0 \\ -1 & 5 & -1 \\ 0 & -1 & 0 \end{bmatrix} \tag{2.71}$$

2.13.4 用 MATLAB 锐化彩色图像

为使用空域滤波器来锐化彩色图像,可执行与前面描述的平滑彩色图像的相同过程:
(1) 提取彩色图像的每个平面;
(2) 用式(2.69)定义的相同滤波器对每个彩色平面单独进行滤波;
(3) 将各个平面的结果合并起来产生新的锐化的彩色图像。

MATLAB 中执行空域滤波的函数是 imfilter；它的语法、参数和细节在上册 2.9.3 小节中已讨论过。因此，本节仅使用它。

下面，作为一个例子，将讨论 MATLAB 中为锐化一幅 RGB 图像而使用的一系列命令。在这个例子中，将使用定义在式(2.69)的滤波器。假设输入图像在变量 RGB 中，用来进行锐化图像的命令如下：

```
1   >> R = RGB(;,:,1);
2   >> G = RGB(;,:,2);
3   >> B = RGB(;,:,3);
4   >> w = [0 -1 0;-1 5 -1;0 -1 0];
5   >> Rf = imfilter(R,w);
6   >> Gf = imfilter(G,w);
7   >> Bf = imfilter(B,w);
8   >> RGBf(;,:,1) = Rf;
9   >> GGBf(;,:,2) = Gf;
10  >> BGBf(;,:,3) = Bf;
```

命令 1~3 分离各个平面，并将它们赋予变量 R、G 和 B。命令 4 生成定义在式(2.70)的空域滤波器系数矩阵(更多细节见上册第 2 章)。命令 5~7 使用命令 4 定义的滤波器执行对各个平面的空域滤波。最后命令 8~10 将滤波的平面结合起来构成新的锐化的图像。图 2.31 给出了对一幅彩色图像执行这些命令得到的结果示例。

彩图

(a)   (b)

图 2.31　使用拉普拉斯滤波器增强锐度得到的彩色平滑图像

(a) 原始图像；(b) 使用前述一组 MATLAB 命令锐化得到的图像

2.14　彩色图像的矢量处理

至此，前面各节中均将各个平面看作独立的来执行操作。不过，有些情况下需要同时对所有平面的整个强度值矢量进行处理。

有一组重要的操作需要直接处理数据矢量。本节仅描述彩色图像的边缘检测，因为该应用是最常见的。

2.14.1　彩色图像中的边缘检测

梯度可看作多维函数沿坐标轴的导数(相对于函数变量之一)，例如

$$G_x = \frac{\partial I}{\partial x}(x,y), \quad G_y = \frac{\partial I}{\partial y}(x,y) \tag{2.72}$$

式(2.72)表示了图像函数相对于变量 x 和 y 的偏导数。矢量

$$\nabla I(x,y) = \begin{bmatrix} \dfrac{\partial I}{\partial x}(x,y) \\ \dfrac{\partial I}{\partial y}(x,y) \end{bmatrix} \tag{2.73}$$

表示函数 I 在点 (x,y) 的梯度矢量。梯度的幅度定义如下：

$$|\nabla I| = \sqrt{\left(\dfrac{\partial I}{\partial x}\right)^2 + \left(\dfrac{\partial I}{\partial y}\right)^2} \tag{2.74}$$

$|\nabla I|$ 不随图像旋转变化，因此独立于包含其结构的朝向。这个特性在定位图像中的边缘点时很重要。在此条件下，$|\nabla I|$ 的值是大多数边缘检测算法中很实用的值，$|\nabla I|$ 常用下面的模型来近似：

$$|\nabla I| = \left|\dfrac{\partial I}{\partial x}\right| + \left|\dfrac{\partial I}{\partial y}\right| \tag{2.75}$$

该近似避免了乘方和开方的计算，可以使计算更经济。

梯度矢量(见式(2.73))的一个重要特性是它的方向，它表示了梯度最大值的方向。这个方向可计算如下：

$$\theta(x,y) = \arctan\begin{bmatrix} \dfrac{\partial I}{\partial y} \\ \dfrac{\partial I}{\partial x} \end{bmatrix} = \arctan\left(\dfrac{\boldsymbol{G}_y}{\boldsymbol{G}_x}\right) \tag{2.76}$$

实际中使用在小邻域中的像素差别逼近梯度。式(2.77)给出了最常用来计算梯度幅度的索贝尔滤波器的系数矩阵。上册第 3 章给出了一个更为详细的关于这个差别是如何构建的，以及用来计算梯度幅度的最常用滤波器。

$$\boldsymbol{G}_x = \begin{bmatrix} -1 & -2 & -1 \\ 0 & 0 & 0 \\ 1 & 2 & 1 \end{bmatrix}, \quad \boldsymbol{G}_y = \begin{bmatrix} -1 & 0 & 1 \\ -2 & 0 & 2 \\ -1 & 0 & 1 \end{bmatrix} \tag{2.77}$$

用式(2.77)计算出的梯度值是在灰度图像中确定边缘的最常用方法，如上册第 3 章所讨论的。不过，该方法仅可用于强度图像。因此，该过程需要扩展以用于 RGB 等彩色图像。将其扩展到彩色图像的一种方法是发现各个彩色平面的梯度再将结果结合起来。这种方式并不是很好，因为它并不能检测某些彩色区域，因而其边界也不能计算。

问题是要从式(2.61)定义的彩色矢量中获得梯度的幅度和方向。最常用的一种方法是将梯度概念扩展到矢量函数，具体在下面介绍。

考虑单位矢量 $\boldsymbol{r}$、$\boldsymbol{g}$ 和 $\boldsymbol{b}$ 是描述 RGB 彩色空间的单位矢量(见图 2.1)，由此可定义如下矢量联系：

$$\boldsymbol{u} = \dfrac{\partial R}{\partial x}\boldsymbol{r} + \dfrac{\partial G}{\partial x}\boldsymbol{g} + \dfrac{\partial B}{\partial x}\boldsymbol{b}, \quad \boldsymbol{v} = \dfrac{\partial R}{\partial y}\boldsymbol{r} + \dfrac{\partial G}{\partial y}\boldsymbol{g} + \dfrac{\partial B}{\partial y}\boldsymbol{b} \tag{2.78}$$

从这些关系可以定义如下矢量积：

$$g_{xx} = \boldsymbol{u} \cdot \boldsymbol{u} = \boldsymbol{u}^\top \cdot \boldsymbol{u} = \left(\dfrac{\partial R}{\partial x}\right)^2 + \left(\dfrac{\partial G}{\partial x}\right)^2 + \left(\dfrac{\partial B}{\partial x}\right)^2$$

$$g_{yy} = \boldsymbol{v} \cdot \boldsymbol{v} = \boldsymbol{v}^\top \cdot \boldsymbol{v} = \left(\dfrac{\partial R}{\partial y}\right)^2 + \left(\dfrac{\partial G}{\partial y}\right)^2 + \left(\dfrac{\partial B}{\partial y}\right)^2 \tag{2.79}$$

$$g_{xy} = \boldsymbol{u} \cdot \boldsymbol{v} = \boldsymbol{u}^\top \cdot \boldsymbol{v} = \left(\dfrac{\partial R}{\partial x}\right)\left(\dfrac{\partial R}{\partial y}\right) + \left(\dfrac{\partial G}{\partial x}\right)\left(\dfrac{\partial G}{\partial y}\right) + \left(\dfrac{\partial B}{\partial x}\right)\left(\dfrac{\partial B}{\partial y}\right)$$

从中观察到的一个重要结果是 R、G 和 B，以及 g_{xx}、g_{yy} 和 g_{xy} 的值都是依赖于 x 和 y 的函数。考虑到前述符号，迪·赞索(Di Zenso)证明了彩色矢量 $c(x,y)$ 最大值变化的方向是如下定义的 (x,y) 的函数：

$$\theta(x,y) = \frac{1}{2}\arctan\left[\frac{2g_{xy}}{(g_{xx}-g_{yy})}\right] \tag{2.80}$$

如果梯度最大值 $M(x,y)$ 出现在 $\theta(x,y)$ 方向，则可计算如下：

$$M(x,y) = \left\{\frac{1}{2}\left[(g_{xx}+g_{yy})(g_{xx}-g_{yy})\cos(2\theta) + 2g_{xy}\sin(2\theta)\right]\right\} \tag{2.81}$$

重要的是，注意到 $\theta(x,y)$ 和 $M(x,y)$ 都产生与需要检测边缘的彩色图像相同维数的矩阵。

因为 $\tan(\alpha) = \tan(\alpha\pm\pi)$，所以如果 θ 是式(2.80)的一个解，那么 $\theta+\pi/2$ 也是一个解。由此可得到 $M_\theta(x,y) = M_{\theta+\pi/2}(x,y)$。根据这个特性，$M(x,y)$ 只需在区间 $[0,\pi]$ 中计算。因此，这里只考虑 $\theta+\pi/2$，其他值可通过重新计算 $M(x,y)$ 的值来获取。如果按前述过程进行计算，将会得到具有梯度值 $M_\theta(x,y)$ 和 $M_{\theta+\pi/2}(x,y)$ 的两个矩阵。对最终计算，要考虑两个中最大的那个。图 2.32 给出了用上述算法得到的矢量梯度幅度和方向。

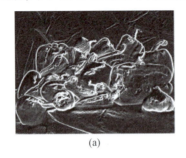
(a)

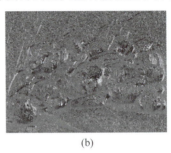
(b)

图 2.32

(a) 矢量梯度幅度；(b) 梯度方向

2.14.2 用 MATLAB 检测彩色图像中的边缘

在彩色图像处理工具箱中，没有直接计算彩色图像矢量梯度的函数。因此，需要实现前面介绍的算法。

本小节介绍两个函数的实现算法。第 1 个是计算彩色图像矢量梯度的算法，第 2 个是表达彩色图像各个平面独立进行梯度计算的算法。给出算法实现程序是为了对两个算法进行比较以及展示矢量处理更为鲁棒。

程序 2.2 给出了对函数 gradcol 的完整实现，该函数对 RGB 图像计算矢量彩色梯度 $M(x,y)$ 和它的方向 $\theta(x,y)$。

程序 2.2 计算矢量梯度 $M(X,Y)$ 的幅度和方向的函数 GRADCOL

```
%%%%%%%%%%%%%%%%%%%%%%%%%%%%%%%%%%%%%%%%%%%%%%%%%%%%%
% Function that allows the vector gradient of a color
% image from an RGB (rgb) image, the function returns
% the vector gradient value Gv and its address D
%%%%%%%%%%%%%%%%%%%%%%%%%%%%%%%%%%%%%%%%%%%%%%%%%%%%%
function [Gv, Di] = gradcol (rgb)
```

```
% Coefficient matrices for the calculation of the
% horizontal and vertical gradient (Equation 2.76)
hx = [1   2   1;0  0  0;   -1   -2   -1];
hy = hx';
% RGB is decomposed into its different planes
R = rgb(:,:,1);
G = rgb(:,:,2);
B = rgb(:,:,3);
% The gradients of each of the planes are obtained,
% in the horizontal and vertical x y directions.
Rx = double(imfilter(R,hx));
Ry = double(imfilter(R,hy));
Gx = double(imfilter(G,hx));
Gy = double(imfilter(G,hy));
Bx = double(imfilter(B,hx));
By = double(imfilter(B,hy));
% The cross products defined in 2.79 are performed
gxx = Rx.^2 + Gx.^2 + Bx.^2;
gyy = Ry.^2 + Gy.^2 + By.^2;
gxy = Rx.*Ry + Gx.*Gy + Bx.*By;
% Get the address from 0 to pi/2 eps is used to avoid
% division by zero when gxx and gyy are equal
Di = 0.5*(atan(2*gxy./(gxx-gyy+eps)));
% The magnitude of the gradient M(x,y) is obtained for
% the directions from 0 to pi/2
G1 = 0.5*((gxx+gyy)+(gxx-gyy).*cos(2*A) + 2*gxy.*sin(2*A));
% Address solutions are extended up to pi
Di = Di + pi/2;
% The value of M(x,y) is calculated again for
% these directions.
G2 = 0.5*((gxx+gyy)+(gxx-gyy).*cos(2*A) + 2*gxy.*sin(2*A));
% The square root is extracted from the gradients
G1 = G1.^0.5;
G2 = G2.^0.5;
% The maximum of the two gradients is obtained and by
% means of the mat2gray function it is scaled to the
% interval [0,1]
Gv = mat2gray(max(G1,G2));
% The address is also scaled from [0,1]
Di = mat2gray(Di);
```

程序 2.3 给出了对函数 gradplan 的完整实现,该函数对彩色图像计算梯度幅度。在这个实现中,对各个平面的梯度独立地计算。

程序 2.3 独立计算彩色图像中定义的各个平面的梯度幅度的函数 GRADPLAN

```
%%%%%%%%%%%%%%%%%%%%%%%%%%%%%%%%%%%%%%%%%%%%%%%%%%%%%%
% Function that allows the gradient computation of each
plane
% of an RGB (rgb) image. The function returns the
gradient value Gp
%%%%%%%%%%%%%%%%%%%%%%%%%%%%%%%%%%%%%%%%%%%%%%%%%%%%%
function [Gp] = gradplan(rgb)
% Coefficient matrices for calculating the horizontal
```

```
% and vertical gradient (Equation 2.69)
hx = [1 2 1;0 0 0; -1 -2 -1];
hy = hx';
% The image RGB is divided into different planes
R = rgb (:,:,1);
G = rgb (:,:,2);
B = rgb (:,:,3);
% The gradients of each plane are obtained.
Rx = double(imfilter(R,hx));
Ry = double(imfilter(R,hy));
Gx = double (imfilter (G,hx));
Gy = double (imfilter (G,hy));
Bx = double(imfilter(B,hx));
By = double(imfilter(B,hy));
% The magnitude of the gradient of each plane is obtained
RG = sqrt (Rx.^2 + Ry.^2);
GG = sqrt (Gx.^2 + Gy.^2);
BG = sqrt(Bx.^2 + By.^2);

% All gradient results are merged
Gt = RG + GG + BG;
% The magnitude is also scaled from [0,1]
Gp = mat2gray (Gt);
```

在程序 2.3 中可以看到,在计算出各个平面的梯度值后,总的梯度是将各个梯度加起来,即 Gt = RG + GG + BG。

为比较直接矢量梯度方法与独立地计算各个平面的梯度方法,图 2.33 给出了定位边缘得到的图像。对这两幅图像,都假设阈值为 0.3。为此要对需比较的梯度分别使用程序 2.2 和程序 2.3 实现的函数 gradcol 和函数 gradplan。

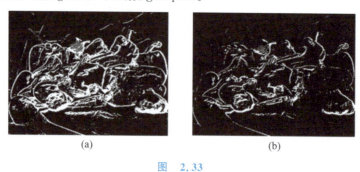

图 2.33
(a) 使用矢量梯度方法的边缘定位；(b) 使用逐平面梯度计算方法的边缘定位

参考文献

[1] Woods R E. *Digital image processing* (4th ed.). Pearson, 2015.
[2] Jain A K. *Fundamentals of digital image processing*. Prentice Hall, 1989.
[3] Tirkel A Z, Osborne C F, Van Schyndel R G. Image watermarkinga spread spectrum application. In Proceedings of ISSSTA'95 international symposium on spread spectrum techniques and applications. IEEE, 1996, 2: 785-789.

[4] Burger W,Burge M J. *Digital image processing：An algorithmic introduction using Java*. Springer,2016.
[5] Gonzalez R C,Woods R E. *Digital image processing*(3rd ed.). Prentice Hall,2008.
[6] Milanfar P. *A tour of modern image processing：From fundamentals to applications*. CRC Press,2013.
[7] Szeliski R. *Computer vision：Algorithms and applications*. Springer,2010.
[8] Gonzalez R C,Woods R E,Eddins S L. *Digital image processing using MATLAB*. Prentice Hall,2004.

视频

第3章

图像几何运算

几何运算(几何操作、几何变换)在实际中广泛应用,特别是在现代图像用户界面和视频游戏中[1]。事实上,没有不使用变焦功能以突出图像中小细节的图形应用。图 3.1 给出了平移、旋转、放缩、倾斜等几何运算的例子。

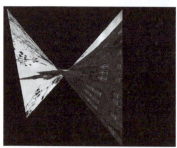

图 3.1　将在本章讨论的几何变换例子

在计算机图形领域,几何运算的话题也很重要,如纹理表达、3-D 环境或对环境的简单实时表达[2]。不过,尽管这类运算看起来普通,但为得到好的效果还是需要消耗相当的计算时间。

从根本上说,应用于原始图像的几何运算对目标图像产生下列变换:

$$I(x,y) \to I'(x',y') \tag{3.1}$$

其中,不仅像素的值会改变而且它在新图像中的位置也会改变。为此,需要先进行一个几何变换形式的坐标变换,如下:

$$T : \mathbf{R}^2 \to \mathbf{R}^2 \tag{3.2}$$

这表示必须匹配图像 $I(x,y)$ 的每个坐标 $\pmb{x} = (x,y)$ 与在目标图像 $I'(x',y')$ 的新位置 $\pmb{x}' = (x',y')$。即

$$\pmb{x} \to \pmb{x}' = T(\pmb{x}) \tag{3.3}$$

如前所述,原始图像和经过变换计算出来图像的坐标都可看作实数 $\mathbf{R} \times \mathbf{R}$ 平面上的点,是连续类型的。但几何变换的主要问题是图像的坐标实际上对应 $\mathbf{Z} \times \mathbf{Z}$ 类型的离散数组,因此计算出来的从 $\pmb{x}$ 到 $\pmb{x}'$ 的变换并没有精确地对应这个数组,即它的坐标值对应两个像素之间的坐标值,其值是多变的。

要解决这个问题,需要通过插值获得坐标变换后的中间值,这是各种几何运算的重要部分。

3.1 坐标变换

式(3.3)是执行变换的一个基本方程,它可以分解为两个独立的方程,即

$$x' = T_x(x,y) \quad \text{和} \quad y' = T_y(x,y) \tag{3.4}$$

3.1.1 简单变换

简单变换包括平移、放缩、倾斜和旋转[3]。

1. 平移

也称为平动,它可以根据平移矢量 (d_x, d_y) 移动一幅图像,即

$$T_x : x' = x + d_x, \quad T_y : y' = y + d_y, \quad \begin{bmatrix} x' \\ y' \end{bmatrix} = \begin{bmatrix} x \\ y \end{bmatrix} + \begin{bmatrix} d_x \\ d_y \end{bmatrix} \tag{3.5}$$

2. 放缩

它允许扩大或收缩图像矩形数组在 $x(s_x)$ 和/或 $y(s_y)$ 方向上所占据的空间,即

$$T_x : x' = x \cdot s_x, \quad T_y : y' = y \cdot s_y, \quad \begin{bmatrix} x' \\ y' \end{bmatrix} = \begin{bmatrix} s_x & 0 \\ 0 & s_y \end{bmatrix} \begin{bmatrix} x \\ y \end{bmatrix} \tag{3.6}$$

3. 倾斜

它允许倾斜图像矩形数组在 $x(b_x)$ 或 $y(b_y)$ 方向上所占据的空间(在倾斜时只考虑一个方向而另一个方向保持不变),即

$$T_x : x' = x + b_x \cdot y, \quad T_y : y' = y + b_y \cdot x, \quad \begin{bmatrix} x' \\ y' \end{bmatrix} = \begin{bmatrix} 1 & b_x \\ b_y & 1 \end{bmatrix} \begin{bmatrix} x \\ y \end{bmatrix} \tag{3.7}$$

4. 旋转

它允许图像矩形以图像中心作为旋转中心进行一定角度 α 的旋转,即

$$T_x : x' = x \cdot \cos(\alpha) + y \cdot \sin(\alpha), \quad T_y : y' = -x \cdot \sin(\alpha) + y \cdot \cos(\alpha),$$

$$\begin{bmatrix} x' \\ y' \end{bmatrix} = \begin{bmatrix} \cos(\alpha) & \sin(\alpha) \\ -\sin(\alpha) & \cos(\alpha) \end{bmatrix} \begin{bmatrix} x \\ y \end{bmatrix} \tag{3.8}$$

图 3.2 给出了前面讨论的简单变换的图示。

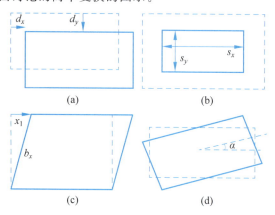

图 3.2 简单几何变换
(a) 平移;(b) 放缩;(c) 倾斜;(d) 旋转

3.1.2 齐次坐标

式(3.5)~式(3.8)定义的运算表达了一组重要的变换,称为仿射变换[4]。为将这些运算串接起来,需要用一般的矩阵形式描述它们。一个简练的方法是使用齐次坐标。

在齐次坐标中,每个矢量增加了一个分量(h),即

$$\boldsymbol{x} = \begin{bmatrix} x \\ y \end{bmatrix} \rightarrow \hat{\boldsymbol{x}} = \begin{bmatrix} \hat{x} \\ \hat{y} \\ \hat{h} \end{bmatrix} = \begin{bmatrix} hx \\ hy \\ h \end{bmatrix} \tag{3.9}$$

借助这个定义,每个笛卡儿坐标 $\boldsymbol{x} = (x, y)$ 用一个称为齐次坐标的 3-D 矢量 $\hat{\boldsymbol{x}} = [\hat{x} \ \hat{y} \ h]^\mathrm{T}$ 来表达。如果分量 h 不为 0,则可获得如下实际坐标:

$$x = \frac{\hat{x}}{h} \quad 和 \quad y = \frac{\hat{y}}{h} \tag{3.10}$$

考虑到上述情况,将有无穷可能性(取不同的 h 值)来表达齐次坐标格式中的 2-D 点。例如,齐次坐标的矢量 $\hat{\boldsymbol{x}}_1 = [2 \ 1 \ 1]^\mathrm{T}$、$\hat{\boldsymbol{x}}_1 = [4 \ 2 \ 2]^\mathrm{T}$ 和 $\hat{\boldsymbol{x}}_1 = [20 \ 10 \ 10]^\mathrm{T}$ 表示相同的笛卡儿点 $(2,1)$。

3.1.3 仿射变换(三角变换)

借助齐次坐标,对坐标的平移、放缩和旋转变换可以表示成如下形式:

$$\begin{bmatrix} \hat{x}' \\ \hat{y}' \\ \hat{h}' \end{bmatrix} = \begin{bmatrix} x' \\ y' \\ 1 \end{bmatrix} = \begin{bmatrix} a_{11} & a_{12} & a_{13} \\ a_{21} & a_{22} & a_{23} \\ 0 & 0 & 1 \end{bmatrix} \begin{bmatrix} x \\ y \\ 1 \end{bmatrix} \tag{3.11}$$

这个变换定义称为具有 6 个自由度 $a_{11},a_{12},\cdots,a_{23}$ 的仿射变换,其中,a_{13} 和 a_{23} 定义平移,a_{11}、a_{12}、a_{21} 和 a_{22} 定义放缩、倾斜和旋转。使用仿射变换,则线变换为线、三角形变换为三角形、矩形变换为平行四边形(见图 3.3)。通过这种变换,直线上的点保持了它们在距离方面的联系。

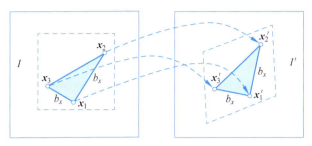

图 3.3 仿射变换(通过定义 3 个点就可以完全刻画仿射变换;通过这种变换,交换图像中直线上的点保持了它们在距离方面的联系)

1. 确定变换参数

定义在式(3.11)中的变换参数完全由 3 对点 $(\boldsymbol{x}_1,\boldsymbol{x}'_1)$、$(\boldsymbol{x}_2,\boldsymbol{x}'_2)$ 和 $(\boldsymbol{x}_3,\boldsymbol{x}'_3)$ 所决定,其中,$\boldsymbol{x}_i=(x_i,y_i)$ 对应原始图像的点,$\boldsymbol{x}'_i=(x'_i,y'_i)$ 对应变换图像的点。变换参数可通过解下列方程组获得:

$$\begin{aligned} x'_1 &= a_{11} \cdot x_1 + a_{12} \cdot y_1 + a_{13}, & y'_1 &= a_{21} \cdot x_1 + a_{22} \cdot y_1 + a_{23} \\ x'_2 &= a_{11} \cdot x_2 + a_{12} \cdot y_2 + a_{13}, & y'_2 &= a_{21} \cdot x_2 + a_{22} \cdot y_2 + a_{23} \\ x'_3 &= a_{11} \cdot x_3 + a_{12} \cdot y_3 + a_{13}, & y'_3 &= a_{21} \cdot x_3 + a_{22} \cdot y_3 + a_{23} \end{aligned} \quad (3.12)$$

这个方程组有解的条件是 3 对点 $(\boldsymbol{x}_1,\boldsymbol{x}'_1)$、$(\boldsymbol{x}_2,\boldsymbol{x}'_2)$ 和 $(\boldsymbol{x}_3,\boldsymbol{x}'_3)$ 必须线性独立,这意味着它们一定不能落在同一条线上。解这个方程组,可得

$$\begin{aligned} a_{11} &= \frac{1}{F} \cdot [y_1(x'_2-x'_3)+y_2(x'_3-x'_1)+y_3(x'_1-x'_2)] \\ a_{12} &= \frac{1}{F} \cdot [x_1(x'_3-x'_2)+x_2(x'_1-x'_3)+x_3(x'_2-x'_1)] \\ a_{21} &= \frac{1}{F} \cdot [y_1(y'_2-y'_3)+y_2(y'_3-y'_1)+y_3(y'_1-y'_2)] \\ a_{22} &= \frac{1}{F} \cdot [x_1(y'_3-y'_2)+x_2(y'_1-y'_3)+x_3(y'_2-y'_1)] \\ a_{13} &= \frac{1}{F} \cdot [x_1(y_3x'_2-y_2x'_3)+x_2(y_1x'_3-y_3x'_1)+x_3(y_2x'_1-y_1x'_2)] \\ a_{23} &= \frac{1}{F} \cdot [x_1(y_3y'_2-y_2y'_3)+x_2(y_1y'_3-y_3y'_1)+x_3(y_2y'_1-y_1y'_2)] \\ F &= x_1(y_3-y_2)+x_2(y_1-y_3)+x_3(y_2-y_1) \end{aligned} \quad (3.13)$$

2. 仿射变换的逆

仿射变换广泛用于确定对图像几何变换之间的对应性,其逆变换 T^{-1} 可通过对式(3.11)求逆得到,即

$$\begin{bmatrix} x \\ y \\ 1 \end{bmatrix} = \begin{bmatrix} a_{11} & a_{12} & a_{13} \\ a_{21} & a_{22} & a_{23} \\ 0 & 0 & 1 \end{bmatrix}^{-1} \begin{bmatrix} x' \\ y' \\ 1 \end{bmatrix} = \frac{1}{a_{11}a_{22} - a_{12}a_{21}} \begin{bmatrix} a_{22} & -a_{12} & a_{12}a_{23} - a_{13}a_{22} \\ -a_{21} & a_{11} & a_{12}a_{21} - a_{11}a_{23} \\ 0 & 0 & a_{11}a_{22} - a_{12}a_{21} \end{bmatrix} \begin{bmatrix} x' \\ y' \\ 1 \end{bmatrix}$$

(3.14)

类似地,参数 $a_{11},a_{12},\cdots,a_{23}$ 可通过在原始图像和变换图像之间定义 3 对点并根据式(3.13)计算获得。图 3.4 给出一个利用仿射变换得到的几何变换图像。这里,考虑了如下各个点:$x_1=(400,300)$、$x'_1=(200,280)$、$x_2=(250,20)$、$x'_2=(255,18)$、$x_3=(100,100)$、$x'_3=(120,112)$。

 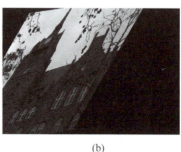

(a)   (b)

图 3.4 仿射变换

(a) 原始图像;(b) 对图像仿射变换的效果,使用了如下变换点,$x_1=(400,300)$、$x'_1=(200,280)$、$x_2=(250,20)$、$x'_2=(255,18)$、$x_3=(100,100)$、$x'_3=(120,112)$

3. MATLAB 中的仿射变换

为展示如何实现本章的几何变换,下面将介绍一个测试程序(这里是仿射变换)的代码和方法。程序基于式(3.13)以确定参数 $a_{11},a_{12},\cdots,a_{23}$,基于式(3.3)以确定原始图像点 x_i 对应变换图像点 x'_i 的值。实现策略从发现变换值与原始值的对应性开始。沿这个方向执行变换,各个变换图像的元素将具有与原始图像对应的值,但沿其他方向就不一样。不过,尽管采取这个策略,也可能出现由于使用变换中定义的点而使变换图像的值对应原始图像中未定义的点。这里未定义是指它们不在图像空间内,即指标是负的或值大于图像维数。如果一个点在变换图像中没有对应原始图像的对应坐标,那么将设变换图像中的像素为零。图 3.4 清晰地显示了这个变换图像和原始图像之间无对应性的问题。程序 3.1 给出了用来实现图像仿射变换所考虑的变化点 $x_1=(400,300)$、$x'_1=(200,280)$、$x_2=(250,20)$、$x'_2=(255,18)$、$x_3=(100,100)$、$x'_3=(120,112)$。

程序 3.1 使用 MATLAB 实现仿射变换

```
%%%%%%%%%%%%%%%%%%%%%%%%%%%%%%%%%%%%%%%%%%%%%%%%%%%%%%
% Program that implements the affine transform from
% a set of transformation points
%%%%%%%%%%%%%%%%%%%%%%%%%%%%%%%%%%%%%%%%%%%%%%%%%%%%%%
% Transformation points cnl are defined
% where c indicates the x or y coordinate
% n the point number 1,2 or 3.
% 1 if it corresponds to the original or
% 1 if corresponds to the transform d
x1o = 400;
```

```
            if ((xf>n)||(xf<1)||(yf>m)||(yf<1))
                I1 (re,co) = 0;
            else
                I1 (re,co) = Im(yf,xf);
            end
        end
end
imshow(uint8(I1))
```

3.1.4 投影变换

尽管仿射变换特别适合三角变换,但有时需要考虑变形为矩形。为执行这种 4 个点的矩形几何变换,可建立 8 个自由度,比仿射变换多 2 个。这类变换称为投影变换,可定义如下:

$$\begin{bmatrix} \hat{x}' \\ \hat{y}' \\ \hat{h}' \end{bmatrix} = \begin{bmatrix} h'x' \\ h'y' \\ h' \end{bmatrix} = \begin{bmatrix} a_{11} & a_{12} & a_{13} \\ a_{21} & a_{22} & a_{23} \\ a_{31} & a_{32} & 1 \end{bmatrix} \begin{bmatrix} x \\ y \\ 1 \end{bmatrix} \tag{3.15}$$

这个运算对应下面的、对图像坐标的非线性变换:

$$x' = \frac{1}{h'} \cdot (a_{11}x + a_{12}y + a_{13}) = \frac{a_{11}x + a_{12}y + a_{13}}{a_{31}x + a_{32}y + 1}$$
$$y' = \frac{1}{h'} \cdot (a_{21}x + a_{22}y + a_{23}) = \frac{a_{21}x + a_{22}y + a_{13}}{a_{31}x + a_{32}y + 1} \tag{3.16}$$

尽管是非线性变换,直线仍保持直线,不过有一个投影效果。这个变换一般将平行线变换为非平行线,正方形变换为多边形,阶为 π 的代数曲线变换为阶为 π 的代数曲线。例如,圆或椭圆通过这个变换变成一条二阶曲线。与仿射变换相反,平行线在结果图像中不再是平行线;直线上点之间的关系或距离不再保持。图 3.5 是投影变换的图示。

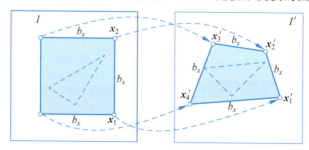

图 3.5 投影变换(在这个变换中,直线变换为直线,正方形变换为多边形,平行线变换为非平行线,直线上点之间的距离关系丢失了)

1. 确定变换参数

投影变换的参数完全由 4 对坐标点 (x_1, x_1')、(x_2, x_2')、(x_3, x_3') 和 (x_4, x_4') 所决定,其中, $x_i = (x_i, y_i)$ 对应原始图像的点, $x_i' = (x_i', y_i')$ 对应变换图像的点。这 8 个投影参数可通过解下列方程组得到:

$$x_i' = a_{11}x_i + a_{12}y_i + a_{13} - a_{31}x_i x_i' - a_{32}y_i x_i'$$
$$y_i' = a_{21}x_1 + a_{22}y_1 + a_{23} - a_{31}x_i y_i' - a_{32}y_i y_i' \tag{3.17}$$

其中, $i = 1, 2, 3, 4$。将式(3.17)定义的方程组写成针对变换各个参数的矩阵,可以得到:

$$\begin{bmatrix} x'_1 \\ y'_1 \\ x'_2 \\ y'_2 \\ x'_3 \\ y'_3 \\ x'_4 \\ y'_4 \end{bmatrix} = \begin{bmatrix} x_1 & y_1 & 1 & 0 & 0 & 0 & -x_1 x'_1 & -y_1 x'_1 \\ 0 & 0 & 0 & x_1 & y_1 & 1 & -x_1 y'_1 & -y_1 y'_1 \\ x_2 & y_2 & 1 & 0 & 0 & 0 & -x_2 x'_2 & -y_2 x'_2 \\ 0 & 0 & 0 & x_2 & y_2 & 1 & -x_2 y'_2 & -y_2 y'_2 \\ x_3 & y_3 & 1 & 0 & 0 & 0 & -x_3 x'_3 & -y_3 x'_3 \\ 0 & 0 & 0 & x_3 & y_3 & 1 & -x_3 y'_3 & -y_3 y'_3 \\ x_4 & y_4 & 1 & 0 & 0 & 0 & -x_4 x'_4 & -y_4 x'_4 \\ 0 & 0 & 0 & x_4 & y_4 & 1 & -x_4 y'_4 & -y_4 y'_4 \end{bmatrix} \begin{bmatrix} a_{11} \\ a_{12} \\ a_{13} \\ a_{21} \\ a_{22} \\ a_{23} \\ a_{31} \\ a_{32} \end{bmatrix} \quad (3.18)$$

将其写成更紧凑的形式：

$$\boldsymbol{x}' = \boldsymbol{M} \cdot \boldsymbol{a} \quad (3.19)$$

参数 $\boldsymbol{a} = (a_{11}, a_{12}, \cdots, a_{32})$ 的值可通过用标准的数值方法（如高斯算法）解式(3.18)的方程组得到。

2. 投影变换的逆

如 $\boldsymbol{x}' = \boldsymbol{A} \cdot \boldsymbol{x}$ 形式的线性变换一般可以间接地通过对矩阵 $\boldsymbol{A}$ 求逆来换一种形式求解，即 $\boldsymbol{x} = \boldsymbol{A}^{-1} \cdot \boldsymbol{x}'$。一个基本的要求是 $\boldsymbol{A}$ 为非奇异($\mathrm{Det}(\boldsymbol{A}) \neq 0$)。一个 3×3 矩阵可按相对简单的方法计算逆，利用如下关系：

$$\boldsymbol{A}^{-1} = \frac{1}{\mathrm{Det}(\boldsymbol{A})} \boldsymbol{A}_{\mathrm{adj}} \quad (3.20)$$

其中，

$$\boldsymbol{A} = \begin{bmatrix} a_{11} & a_{12} & a_{13} \\ a_{21} & a_{22} & a_{23} \\ a_{31} & a_{32} & a_{33} \end{bmatrix}$$

$$\mathrm{Det}(\boldsymbol{A}) = a_{11} a_{22} a_{33} + a_{12} a_{23} a_{31} + a_{13} a_{21} a_{32} - a_{11} a_{23} a_{32} - a_{12} a_{21} a_{33} - a_{13} a_{22} a_{31} \quad (3.21)$$

$$\boldsymbol{A}_{\mathrm{adj}} = \begin{bmatrix} a_{22} a_{33} - a_{23} a_{32} & a_{13} a_{32} - a_{12} a_{33} & a_{12} a_{23} - a_{13} a_{22} \\ a_{23} a_{31} - a_{21} a_{33} & a_{11} a_{33} - a_{13} a_{31} & a_{13} a_{21} - a_{11} a_{23} \\ a_{21} a_{32} - a_{22} a_{31} & a_{12} a_{31} - a_{11} a_{32} & a_{11} a_{22} - a_{12} a_{21} \end{bmatrix}$$

在投影变换中，参数 $a_{33} = 1$ 可简化前面方程的计算。因为在齐次坐标中，与标量相乘构成等价点（见3.1.2小节），并不需要确定 $\boldsymbol{A}$ 的行列式。因此，只需要计算投影变换的逆、点的齐次坐标以及邻接矩阵 $\boldsymbol{A}_{\mathrm{adj}}$。图3.6给出了一幅使用投影变换而发生几何变换的图像。

(a)

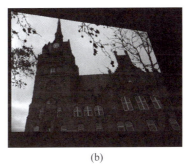
(b)

图 3.6 投影变换

(a) 原始图像；(b) 对图像投影变换的效果

3. 对单位正方形的投影变换

另一种替代数值方法以求解式(3.18)中 8 个未知参数的方法是对单位正方体 C_1 进行变换。如图 3.7 所示,在这个变换中,一个单位正方体 C_1 转换为一个 4 个点的具有失真特性的多边形 P_1。这个转换考虑了如下点的变换:

$$\begin{cases} (0,0) \to \boldsymbol{x}'_1, & (1,1) \to \boldsymbol{x}'_3 \\ (1,0) \to \boldsymbol{x}'_2, & (0,1) \to \boldsymbol{x}'_4 \end{cases} \tag{3.22}$$

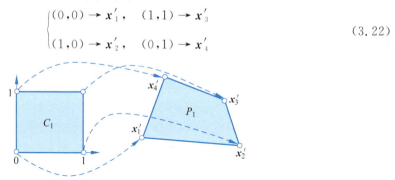

图 3.7 将单位正方形 C_1 投影变换为多边形 P_1

根据变换点之间的联系,式(3.18)定义的方程组简化为

$$\begin{aligned}
x'_1 &= a_{13} \\
y'_1 &= a_{23} \\
x'_2 &= a_{11} + a_{13} - a_{31} \cdot x'_2 \\
y'_2 &= a_{21} + a_{23} - a_{31} \cdot y'_2 \\
x'_3 &= a_{11} + a_{12} + a_{13} - a_{31} \cdot x'_3 - a_{32} \cdot x'_3 \\
y'_3 &= a_{21} + a_{22} + a_{23} - a_{31} \cdot y'_3 - a_{32} \cdot y'_3 \\
x'_4 &= a_{12} + a_{13} - a_{32} \cdot x'_4 \\
y'_4 &= a_{22} + a_{23} - a_{33} \cdot y'_4
\end{aligned} \tag{3.23}$$

通过下列关系可得到对参数 $a_{11}, a_{12}, \cdots, a_{32}$ 的解:

$$\begin{aligned}
a_{31} &= \frac{(x'_1 - x'_2 + x'_3 - x'_4) \cdot (y'_4 - y'_3) - (y'_1 - y'_2 + y'_3 - y'_4) \cdot (x'_4 - x'_3)}{(x'_2 - x'_3) \cdot (y'_4 - y'_3) - (x'_4 - x'_3) \cdot (y'_2 - y'_3)} \\
a_{32} &= \frac{(y'_1 - y'_2 + y'_3 - y'_4) \cdot (x'_2 - x'_3) - (x'_1 - x'_2 + x'_3 - x'_4) \cdot (y'_2 - y'_3)}{(x'_2 - x'_3) \cdot (y'_4 - y'_3) - (x'_4 - x'_3) \cdot (y'_2 - y'_3)} \\
a_{11} &= x'_2 - x'_1 + a_{31} \cdot x'_2 \\
a_{21} &= y'_2 - y'_1 + a_{31} \cdot y'_2 \\
a_{12} &= x'_4 - x'_1 + a_{32} \cdot x'_4 \\
a_{22} &= y'_4 - y'_1 + a_{32} \cdot y'_4 \\
a_{13} &= x'_1 \\
a_{23} &= y'_1
\end{aligned} \tag{3.24}$$

如本节已提到的,通过逆变换矩阵 $\boldsymbol{A}^{-1}$,可以计算逆变换 $\boldsymbol{T}^{-1}$,这里就是从任何 4 个点的多边形得到单位正方体。

如图 3.8 所示,从任何 4 点多边形到另一个 4 点多边形的变换可以通过在单位框架上执行一个包括两个步骤的方法来实现。这可表示成:

$$P_1 \xrightarrow{T_1^{-1}} C_1 \xrightarrow{T_2} P_2 \tag{3.25}$$

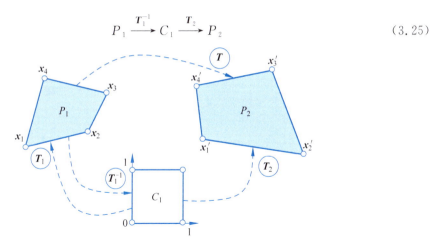

图 3.8　两个 4 点多边形之间的投影变换（这类变换使用包含两个步骤的方法进行：第 1 个包含从多边形 P_1 到单位正方体 C_1 的逆变换 T_1^{-1}；第 2 个包含从单位正方体 C_1 到多边形 P_2 的正变换 T_2，则整个变换可写为 $T = T_2 \cdot T_1^{-1}$）

用于从正方形到各个 4 点多边形的变换 T_1 和 T_2 可从定义 x_i 和 x_i' 的式(3.24)得到，而逆变换 T_1^{-1} 可对矩阵 T_1 计算得到。完整的变换 T 最终是通过如下变换 T_1^{-1} 和 T_2 的结合得到：

$$x' = T(x) = T_2[T_1^{-1}(x)] \tag{3.26}$$

或写成矩阵形式：

$$x' = T \cdot x = T_2 \cdot T_1^{-1} \cdot x \tag{3.27}$$

对使用由多边形 P_1 和 P_2 确定的变换，变换矩阵 $T = T_2 \cdot T_1^{-1}$ 只计算一次。

下面给出对两个多边形投影变换的计算示例。

设要对两个多边形 P_1 和 P_2 进行几何变换，其中定义多边形的坐标为

$$\begin{aligned} P_1: & \ x_1 = (2,5), x_2 = (4,6), x_3 = (7,9), x_4 = (5,9) \\ P_2: & \ x_1' = (4,3), x_2' = (5,2), x_3' = (9,3), x_4' = (7,5) \end{aligned} \tag{3.28}$$

那么，相对于单位正方形的投影变换矩阵为 $T_1: C_1 \to P_1$ 和 $T_2: C_1 \to P_2$：

$$T_1 = \begin{bmatrix} 3.33 & 0.50 & 2 \\ 3.00 & -0.50 & 5 \\ 0.33 & -0.5 & 1 \end{bmatrix}, \quad T_2 = \begin{bmatrix} 1 & -0.50 & 4 \\ -1 & -0.50 & 3 \\ 0 & -0.5 & 1 \end{bmatrix} \tag{3.29}$$

通过结合变换矩阵 T_2 和 T_1^{-1}，可得到总的变换矩阵，即 $T = T_2 \cdot T_1^{-1}$，其中，

$$T_1^{-1} = \begin{bmatrix} 0.6 & -0.45 & 1.05 \\ -0.40 & 0.8 & -3.2 \\ -0.4 & 0.55 & -0.95 \end{bmatrix}, \quad T = \begin{bmatrix} -0.8 & 1.35 & -1.12 \\ 1.6 & 1.7 & -2.3 \\ -0.2 & 0.15 & 0.65 \end{bmatrix} \tag{3.30}$$

3.1.5　双线性变换

双线性变换定义如下：

$$\begin{aligned} T_x: & \ x' = a_1 x + a_2 y + a_3 xy + a_4 \\ T_y: & \ y' = b_1 x + b_2 y + b_3 xy + b_4 \end{aligned} \tag{3.31}$$

从这个定义可知,完全刻画变换需 8 个参数 $(a_1,a_2,a_3,a_4,b_1,b_1,b_2,b_4)$,为计算它们至少需要 4 对点。根据式(3.31),有些项包含两个变量 xy,因此这种变换是对结果图像进行一个非线性几何变换[5]。在这类变换中(与投影变换不同)直线转换成二阶曲线。

一个双线性变换完全由 4 对点 $(x_1,x_1'),(x_2,x_2'),(x_3,x_3'),(x_4,x_4')$ 所确定。通常情况下,可以定义 4 对点,组成下列方程组来构建变换:

$$\begin{bmatrix} x_1' \\ x_2' \\ x_3' \\ x_4' \end{bmatrix} = \begin{bmatrix} x_1 & y_1 & x_1 y_1 & 1 \\ x_2 & y_2 & x_2 y_2 & 1 \\ x_3 & y_3 & x_3 y_3 & 1 \\ x_4 & y_4 & x_4 y_4 & 1 \end{bmatrix} \begin{bmatrix} a_1 \\ a_2 \\ a_3 \\ a_4 \end{bmatrix}$$

$$\begin{bmatrix} y_1' \\ y_2' \\ y_3' \\ y_4' \end{bmatrix} = \begin{bmatrix} x_1 & y_1 & x_1 y_1 & 1 \\ x_2 & y_2 & x_2 y_2 & 1 \\ x_3 & y_3 & x_3 y_3 & 1 \\ x_4 & y_4 & x_4 y_4 & 1 \end{bmatrix} \begin{bmatrix} b_1 \\ b_2 \\ b_3 \\ b_4 \end{bmatrix}$$

(3.32)

对从单位正方形 C_1 到任何多边形 P_1 的双线性变换这种特殊情况,参数 $(a_1,\cdots,a_4, b_1,\cdots,b_4)$ 的计算可以简化为

$$\begin{aligned} a_1 &= x_2' - x_1', & a_2 &= x_4' - x_1', & a_3 &= x_1' - x_2' + x_3' - x_4', & a_4 &= x_2' \\ b_1 &= y_2' - y_1', & b_2 &= y_4' - y_1', & b_3 &= y_1' - y_2' + y_3' - y_4', & b_4 &= y_1' \end{aligned}$$

(3.33)

图 3.9 给出一组代表对相同图像执行不同几何变换得到的不同效果。

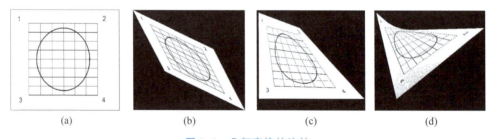

(a) (b) (c) (d)

图 3.9 几何变换的比较

(a) 原始图像;(b) 仿射变换;(c) 投影变换;(d) 双线性变换

以下介绍在 MATLAB 中如何实现双线性变换。与用于仿射变换的程序 3.1 不同,在双线性变换的情况下,采取发现一个逆变换并直接计算变换图像像素值的策略不易实现。尽管这种计算图像像素值的方式能给出较好的结果,但有时它不允许发现原始图像中经非线性变换没有对应像素的像素值。这个效果在图像中有孔(黑点)处很明显,如图 3.9(d)所示。程序 3.2 给出了实现双线性变换的代码。在该程序中,考虑了从单位正方形到 4 点多边形的变换以简化计算,因此变换点定义如下:

$$0,0) \to x_1',(1,1) \to x_3', \quad (1,0) \to x_2',(0,1) \to x_4'$$

(3.34)

程序 3.2 使用 MATLAB 实现双线性变换

```
%%%%%%%%%%%%%%%%%%%%%%%%%%%%%%%%%%%%%%%%%%%%%%%%%%%%%%%
% Program that implemente the bilinear transformation
% from a set of transformation points
% considering the unit square
%%%%%%%%%%%%%%%%%%%%%%%%%%%%%%%%%%%%%%%%%%%%%%%%%%%%%%%
```

```matlab
% Definition of transformation points
% The unit square method is considered to be used.
x1 = 100;
y1 = 80;
x2 = 500;
y2 = 70;
x3 = 100;
y3 = 350;
x4 = 10;
y4 = 10;
% Determination of parameters a and b.
a1 = x2 - x1;
a2 = x4 - x1;
a 3 = x1 - x2 + x3 - x4;
a4 = x1;
b1 = y2 - y1;
b2 = y4 - y1;
b3 = y1 - y2 + y3 - y4;
b4 = y1;
% Get the size of the image
Im = imread("fotos/paisaje.jpg");
Im = rgb2gray(Im);
[m n] = size (Im);
% Each of the points of the result image is set to black,
% this is because there will be values of the result image
% that do not have a corresponding value in the original image.
I1 = zeros(size(Im));
% All pixels of the transformed image are traversed
for re = 1:m
    for co = 1 : n
% The coordinates of the original image
% correspond to points on the unit square so
% they are divided between m and n
        re1 = re/m;
        co1 = co/n;
% Get the values of the transformed image
        x = round(a1 * co1 + a2 * re1 + a3 * re1 * co1 + a4);
        y = round(b1 * co1 + b2 * re1 + b3 * re1 * co1 + b4);
% It is protected for pixel values that due to
% the transformation do not have a corresponding
        if ((x >= 1)||(x <= n)||(y >= 1)||(y <= m))
            I1(y,x) = Im(re,co);
        end
    end
end
% Convert the image to a data type
I1 = uint8(I1);
% The image is displayed
imshow(I1)
```

3.1.6 其他非线性几何变换

双线性变换只是非线性变换(不能用简单的矩阵相乘表达)的一个例子。但是,还有许多允许增加图像有用效果和失真的非线性变换。下面3个例子扩展了变换的反向公式:

$$x = T^{-1}(x') \tag{3.35}$$

依赖于所考虑的变换种类,反向公式并不简单,尽管实际应用中有很多场合(使用原始变换技术)反转并不是必需的。

1. 扭转变换

扭转变换产生图像绕点 $\boldsymbol{x}_c = (x_c, y_c)$ 的 α 扭转,该扭转随着图像像素与扭转点的距离增加而减少。几何变换在图像上的效果仅限于一定的失真半径 r_{max},在此之外图像保持不变[6]。变换的反向公式定义如下:

$$T_x^{-1}: x = \begin{cases} x_c + r \cdot \cos(\beta), & r \leqslant r_{max} \\ x', & r > r_{max} \end{cases}$$
$$T_y^{-1}: y = \begin{cases} y_c + r \cdot \sin(\beta), & r \leqslant r_{max} \\ y', & r > r_{max} \end{cases} \tag{3.36}$$

其中,

$$d_x = x' - x_c, \quad d_y = y' - y_c, \quad r = \sqrt{d_x^2 + d_y^2}$$
$$\beta = \alpha \tan^2(d_y, d_x) + \alpha \cdot \left(\frac{r_{max} - r}{r_{max}} \right) \tag{3.37}$$

图 3.10(a) 和 (b) 给出了扭转变换的两个示例,其中图像的中心为扭转点 $\boldsymbol{x}_c$,r_{max} 为图像对角线的一半,扭转角度 $\alpha = 28°$。

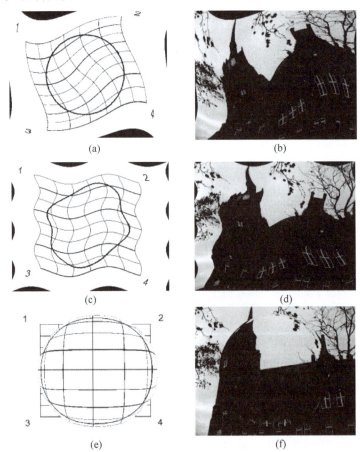

图 3.10　不同的非线性变换
(a) 和 (b) 扭转变换; (c) 和 (d) 波纹变换; (e) 和 (f) 球形失真

2. MATLAB 中的扭转变换

以下介绍在 MATLAB 中如何实现扭转变换。实现的策略是使用对变换的反向公式，即它开始先发现变换值与原始值之间的对应性。这很方便，因为根据式(3.36)变换自身是按反向公式表达的。实现代码见程序 3.3，其中以图像中心为扭转点 x_c，$r_{\max}$ 为图像对角线的一半，扭转角度 $\alpha = 28°$。

程序 3.3　使用 MATLAB 实现扭转变换

```
%%%%%%%%%%%%%%%%%%%%%%%%%%%%%%%%%%%%%%%%%%%%%%%%%%%%%
% Program that implements the Twirl transformation
%%%%%%%%%%%%%%%%%%%%%%%%%%%%%%%%%%%%%%%%%%%%%%%%%%%%%
Im = imread("fotos\paisaje.jpg")
Im = rgb2gray(Im);
imshow (Im)
figure
% Get the size of the image
[m n] = size(Im);
% The center of rotation is defined
% as the center of the image
xc = n/2;
yc = m/2;
% The angle of rotation is defined approx. 28 degrees
% 1 rad
alfa = 1;
% rmax is defined
rmax = sqrt (xc * xc + yc * yc);
% Convert the image to double to avoid numerical problems
Imd = double(Im);
% The resulting image is filled with zeros in such a way that
% where there are no geometric correspondences,
% the value of the pixels will be zero.
I1 = zeros(size(Im));
% All pixels of the transformed image are traversed
for re = 1:m
    for co = 1:n
% The values defined in 3.34 are obtained
        dx = co - xc;
        dy = re - yc;
        r = sqrt (dx * dx + dy * dy);
% The transformations of
% Equations 3.33 - 3.343 are calculated
        if (r <= rmax)
            Beta = atan2 (dy,dx) + alfa * ...
                ((rmax - r)/rmax);
            xf = round (xc + r * cos(Beta));
            yf = round (yc + r * sin(Beta));
        else
            xf = co;
            yf = re;
        end
% It is protected for pixel values that due to
% the transformation do not have a corresponding
```

```
        if ((xf >= 1)&&(xf <= n)&&(yf >= 1)&&(yf <= m))
            I1(re,co) = Imd(yf,xf);
        end
    end
end
    I1 = uint8 (I1);
    imshow(I1)
```

3. 波纹变换

波纹变换产生一个在 x 或 y 方向的局部波形失真。该变换的参数为两个方向上的周期 τ_x 和 τ_y，以及两个方向上的平移强度 a_x 和 a_y[6]。该变换的反向公式定义如下：

$$T_x^{-1}: x = x' + a_x \cdot \sin\left(\frac{2\pi y'}{\tau_x}\right)$$
$$T_y^{-1}: y = y' + a_y \cdot \sin\left(\frac{2\pi x'}{\tau_y}\right)$$
(3.38)

图 3.10(c) 和 (d) 给出了波纹变换的两个示例，其中 $\tau_x=120, \tau_y=250, a_x=10, a_y=12$。

4. MATLAB 中的波纹变换

以下介绍在 MATLAB 中如何实现波纹变换。实现的策略是使用对变换的反向公式，即它开始先发现变换值与原始值之间的对应性。这很方便，因为变换自身根据式(3.38)是按反向公式表达的。实现代码见程序 3.4，其中，$\tau_x=120, \tau_y=250, a_x=10, a_y=12$。

程序 3.4 使用 MATLAB 实现波纹变换

```
%%%%%%%%%%%%%%%%%%%%%%%%%%%%%%%%%%%%%%%%%%%%%%%%%%%
% Program that implements the Ripple transformation
%%%%%%%%%%%%%%%%%%%%%%%%%%%%%%%%%%%%%%%%%%%%%%%%%%%
Im = imread("fotos\paisaje.jpg")
Im = rgb2gray(Im);
imshow(Im)
figure
% Get the size of the image
[m n] = size(Im);
% The periods of the wavelength are defined
tx = 120;
ty = 250;
% Displacements of each of the directions
ax = 10;
ay = 12;
% Convert the image to double to avoid
% numerical problems
Imd = double(Im);
% The resulting image is filled with zeros in such a way
%  that where there are no geometric correspondences,
%  the value of the pixels will be zero.
I1 = zeros(size(Im));
% All pixels of the transformed image are traversed
for re = 1:m
    for co = 1:n
% The transformations of Eq. 3.36 are calculated
        Angulo1 = sin((2*pi*re)/tx);
```

```
                Angulo2 = sin((2 * pi * co)/ty);
                xf = round(co + ax * Angulo1);
                yf = round(re + ay * Angulo2);
                % It is protected for pixel values that due to the
                % transformation do not have a corresponding
                if ((xf >= 1)&&(xf <= n)&&(yf >= 1)&&(yf <= m))
                    I1(re,co) = Imd(yf,xf);
                end
            end
        end
            I1 = uint8(I1);
            imshow(I1);
```

5. 球形失真

球形失真产生的效果与球面透镜类似。为执行这个变换的参数是镜头中心 $x_c = (x_c, y_c)$、最大失真半径 r_{max} 和镜头折射率 ρ [6]。该变换的反向公式定义如下：

$$T_x^{-1}: x = x' - \begin{cases} z \cdot \tan(\beta_x), & r \leqslant r_{max} \\ 0, & r > r_{max} \end{cases}$$

$$T_y^{-1}: y = y' - \begin{cases} z \cdot \tan(\beta_y), & r \leqslant r_{max} \\ 0, & r > r_{max} \end{cases} \quad (3.39)$$

其中，

$$d_x = x' - x, \quad d_y = y' - y, \quad r = \sqrt{d_x^2 + d_y^2}, \quad z = \sqrt{r_{max}^2 - r^2}$$

$$\beta_x = \left(1 - \frac{1}{\rho}\right) \arcsin\left(\frac{d_x}{\sqrt{d_x^2 + z^2}}\right) \quad (3.40)$$

$$\beta_y = \left(1 - \frac{1}{\rho}\right) \arcsin\left(\frac{d_y}{\sqrt{d_y^2 + z^2}}\right)$$

图 3.10(e) 和 (f) 给出球形失真的两个示例，其中以图像中心为旋转点 x_c，r_{max} 为图像对角线的一半，镜头折射率 $\rho = 1.8$。

6. MATLAB 中的球形失真

以下介绍在 MATLAB 中如何实现球形失真。实现的策略是使用对变换的反向公式，即它开始先发现变换值与原始值之间的对应性。这很方便，因为变换自身根据式(3.39)是按反向公式表达的。所实现的代码见程序 3.5，其中以图像的中心为旋转点 x_c，r_{max} 为图像对角线的一半，镜头折射率 $\rho = 1.8$。

程序 3.5 使用 MATLAB 实现球形失真

```
%%%%%%%%%%%%%%%%%%%%%%%%%%%%%%%%%%%%%%%%%%%%%%%%%%%%%%%
% Program that implements spherical distortion
%%%%%%%%%%%%%%%%%%%%%%%%%%%%%%%%%%%%%%%%%%%%%%%%%%%%%%%
Im = imread("fotos\paisaje.jpg")
Im = rgb2gray(Im);
imshow(Im)
figure
% Get the size of the image
[m n] = size(Im);
% The center of the spherical lens is defined as
```

```
% the center of the image
xc = n/2;
yc = m/2;
% Define the lens index
ro = 1.8;
% rmax is defined
rmax = sqrt (xc * xc + yc * yc);
% Convert the image to double to avoid numerical problems
Imd = double(Im);
% The resulting image is filled with zeros
% in such a way that where there are
% no geometric correspondences,
% the value of the pixels will be zero.
I1 = zeros(size(Im));
% All pixels of the transformed image are traversed
for re = 1:m
    for co = 1:n
% The values defined in 3.37 are obtained
        dx = co - xc;
        dy = re - yc;
        r = sqrt (dx * dx + dy * dy);
        if (r < = rmax)
% The transformations of Eq. 3.37 are calculated
            z = sqrt (rmax * rmax - r * r);
            R1 = dx/(sqrt(dx * dx + z * z));
            R2 = dy/(sqrt(dy * dy + z * z));
            Bx = (1 - (1/ro)) * asin(R1);
            By = (1 - (1/ro)) * asin(R2);
            xf = round(co - z * tan(Bx));
            yf = round(re - z * tan(By));
        else
            xf = co;
            yf = re;
        end
% It is protected for pixel values that due
% to the transformation do not have a corresponding
        If((xf > = 1)&&(xf < = n)&&(yf > = 1)&&(yf < = m))
            I1(re,co) = Imd(yf,xf);
        end
    end
end
        I1 = uint8(I1);
        imshow(I1)
```

3.2 坐标重赋值

到目前为止,在实现几何运算时都假设图像的坐标是连续的,即实数值。但一幅图像的元素值是离散的,仅使用整数值。考虑到这一点,几何变换中一个并不简单的问题是发现原始图像和变换图像之间的坐标对应性(不会由于重新分配或四舍五入而产生信息损失)。

考虑到一个几何变换 $T(x,y)$ 作用于源图像 $I(x,y)$ 而生成目标图像 $I'(x',y')$,所有坐标都是离散的,$x,y \in \mathbf{Z}$ 和 $x',y' \in \mathbf{Z}$,可以采取两个不同的方法,它们的差别在于执行变换的方向不同。这些方法分别称为源-目标映射和目标-源映射。

3.2.1 源-目标映射

在第 1 种方法中,计算原始(源)图像 $I(x,y)$ 中的各个像素在变换(目标)图像 $I'(x',y')$ 中的对应位置。计算出来的坐标 (x',y') 一般不对应整数或离散值(见图 3.11),因此需要决定原始图像 $I(x,y)$ 的哪个整数值将对应变换图像 $I'(x',y')$ 的哪个整数值。求解这个问题并不简单,需要一个允许从中间值(插值)确定正确值的方法。

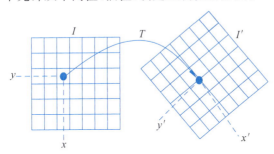

图 3.11　源-目标映射(对源图像 $I(x,y)$ 的各个离散位置,使用变换算子 $T(x,y)$ 计算它在变换图像 $I'(x',y')$ 中的对应位置)

该方法的主要问题是,根据几何变换 $T(x,y)$,变换图像 $I'(x',y')$ 中会有一些元素在原始图像 $I(x,y)$ 中没有对应元素。例如,在放大原始图像的情况下,变换图像的强度函数将有需要填充的间隔。另外,在缩小原始图像的情况下,一些原始图像的像素将不再存在于变换图像中,很明显信息丢失了。

3.2.2 目标-源映射

这个方法与源-目标映射相反,计算变换图像 $I'(x',y')$ 中的各个像素在原始图像 $I(x,y)$ 中的对应位置。为此,需要用它的反向公式来表达变化,即

$$(x,y) = T^{-1}(x',y') \tag{3.41}$$

在这个方法中,与源-目标映射类似,由于逆几何变换 $T^{-1}(x,y)$,将存在原始图像 $I(x,y)$ 中的元素在变换图像 $I'(x',y')$ 中没有对应元素。解决这个问题需要一个允许从中间值(插值)确定正确值的方法。图 3.12 给出了使用目标-源映射方法的图示。

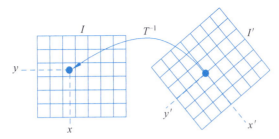

图 3.12　目标-源映射(对目标图像 $I'(x',y')$ 的各个离散位置,使用逆变换算子 $T^{-1}(x,y)$ 计算它在源图像 $I(x,y)$ 中的对应位置)

目标-源映射的优点是对新图像的所有像素和它们在源图像的对应像素的计算是有保证的。据此,在新图像中由于缺少对应性而产生间隙的可能性被消除了。该方法的一个缺点是需要变换的反向公式,这可能在很多情况下不易得到。尽管如此,该方法的特性和计算

优点使其成为最广泛用于几何变换的方法。算法 3.1 给出了使用该方法计算一般几何变换的过程。

算法 3.1　几何变换目标-源映射

作为输入，我们有原始图像和根据其逆变换公式定义的几何变换。
1. 几何变换目标-源映射$(I,(x,y),T)$
2. $I(x,y) \rightarrow$源图像
3. $T \rightarrow$几何坐标变换
4. 生成零值的目标图像
5. **for** 所有图像坐标(x',y') **do**
$$(x,y) \leftarrow T^{-1}(x',y')$$
$I(x,y) \leftarrow$插值(I,x,y)
return (I',x',y')

3.3　插值

插值指在没有严格联系的函数值和所表达的点之间计算函数值的方法[7]。在对图像进行几何变换时，需要在变换 $T(x,y)$ 中使用插值处理。通过变换 $T(x,y)$（或 $T^{-1}(x,y)$）计算变换图像的值，有可能没有与原始图像严格的对应性，因此就需要插值方法。

3.3.1　简单插值方法

为简便说明插值方法，先对 1-D 情况进行分析。考虑有一个离散信号 $g(u)$，如图 3.13(a)所示。为在离散函数的任意中间值位置 $x \in \mathbf{R}$ 进行插值，有许多不同的方法。最简单的近似是将 u 的最近邻 u_0 的值以离散方式赋给 x，即

$$\hat{g}(x) = g(u_0) \tag{3.42}$$

其中，

$$u_0 = \text{Round}(x) = (x+0.5) \tag{3.43}$$

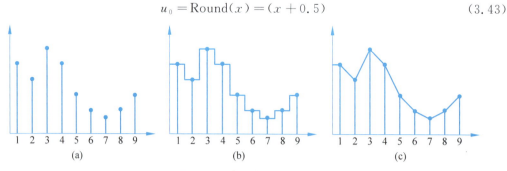

图 3.13　离散信号的插值
(a) 离散信号；(b) 最近邻插值；(c) 线性插值

这种称为最近邻插值的方法如图 3.13(b)所示，是对图 3.13(a)的信号进行插值的结果。这个方法可用于前面讨论的所有几何变换算法中。

另一种简单的插值方法是线性插值，其中计算出来的变量中间值用点间的实线表示，图 3.13(c)给出了对图 3.13(a)的信号进行线性插值的结果。

3.3.2 理想插值

很明显,前述各种插值方法没有给出函数的很好近似,因此需要建立更好的描述离散信号中间值的方法。

本小节的目标是分析与前述简单插值方法相对的方法,即提升最好可能的建模方式以对离散函数进行插值。

一个离散函数具有有限的带宽,其最大值由获得信号的采样频率的一半 $\omega_s/2$ 来刻画。如果用一个宽度为 $\omega_s/2$ 或 $\pm\pi$ 的矩形函数 $H(\omega)$ 乘以频谱(是周期性的),则可以取到频谱 $F(\omega)$ 的一个周期。图 3.14 给出了获得频谱过程的图示。

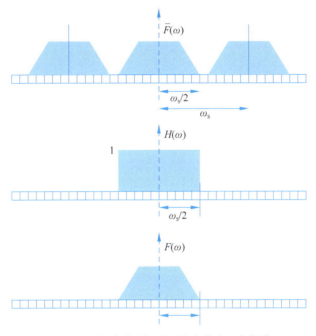

图 3.14 通过乘以矩形函数来分离一个频谱

频域的相乘对应空域的卷积。因此,在频域与一个矩形函数相乘意味着对矩形函数变换的卷积,这里变换就是如下定义的 $\text{sinc}(x)$:

$$\text{sinc}(x) = \left[\frac{\sin(\pi x)}{\pi x}\right] \tag{3.44}$$

理论上,$\text{sinc}(x)$ 函数是重建连续函数的理想插值函数。为重建函数 $g(u)$ 在任意位置 x_0 的值,先将 $\text{sinc}(x)$ 函数的原点移动到 x_0,然后进行 $g(u)$ 和 $\text{sinc}(x)$ 的点对点卷积。考虑到这些操作步骤,插值函数可表示如下:

$$\hat{g}(x_0) = \sum_{u=-\infty}^{\infty} \text{sinc}(x_0 - u) \cdot g(u) \tag{3.45}$$

3.3.3 立方插值

由于 $\text{sinc}(x)$ 函数具有无穷尺寸的插值核,因此该方法在实际中无法实现。因为这个原因,为产生理想插值 $\text{sinc}(x)$ 函数的效果,使用接近其效果的紧凑核。一个广泛使用的实

现紧凑核的方法是立方插值，这里使用了三次多项式进行近似[8]，即

$$w_{cubic}(x,a) = \begin{cases} (a+2)\cdot|x|^3 - (a+3)\cdot|x|^2 + 1, & 0 \leqslant |x| < 1 \\ a\cdot|x|^3 - 5a\cdot|x|^2 + 8a\cdot|x| - 4a, & 1 \leqslant |x| < 2 \\ 0, & |x| \geqslant 2 \end{cases} \quad (3.46)$$

其中，a 是定义立方衰减的控制参数。图 3.15 给出了使用不同参数 a 的立方插值的不同核。对标准值 $a=-1$，式(3.46)可简化为

$$w_{cubic}(x,a) = \begin{cases} |x|^3 - 2\cdot|x|^2 + 1, & 0 \leqslant |x| < 1 \\ -|x|^3 + 5\cdot|x|^2 - 8\cdot|x| + 4, & 1 \leqslant |x| < 2 \\ 0, & |x| \geqslant 2 \end{cases} \quad (3.47)$$

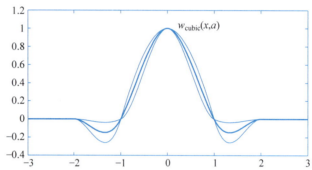

图 3.15　用于插值的不同立方核（该图考虑了控制参数 a 的 3 个不同值，$a=-0.25$、$a=-1$ 和 $a=-1.75$）

图 3.16 给出了函数 $\text{sinc}(x)$ 和立方核 $w_{cubic}(x)$ 的比较，从中可看出两者的差别在$|x|\leqslant 1$时可以忽略，当$|x|>1$时变得明显。当$|x|>2$时情况最严重，此时立方核只有 0 值。

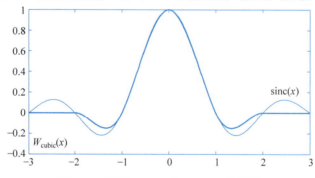

图 3.16　函数 $\text{sinc}(x)$ 和 $w_{cubic}(x)$ 的比较

函数 $g(u)$ 的立方插值在给定点 x_0 可用下式计算：

$$\hat{g}(x_0) = \sum_{x=x_0-1}^{x_0+2} w_{cubic}(x_0 - u) \cdot g(u) \quad (3.48)$$

图 3.17 给出了 2-D 函数 $\text{sinc}(x,y)$。

与 1-D 情况相同，理想插值所需的核在实际中不能计算，因此需要考虑其他的方案。其他的方案包括在 1-D 情况时讨论的插值方法，还包括下列方法：最近邻插值、双线性插值和双立方插值[8]。

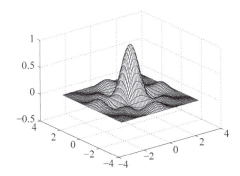

图 3.17 2-D 函数 sinc(x, y)的表达

1. 最近邻插值

为对给定点(x_0, y_0)插值,将最接近它的像素坐标(u_0, v_0)赋给它。在很多情况下,为执行这个方法,只需对几何变换得到的坐标四舍五入:

$$I(x_0, y_0) = I(u_0, v_0) \tag{3.49}$$

其中,

$$u_0 = \text{Round}(x_0), \quad v_0 = \text{Round}(y_0) \tag{3.50}$$

2. 双线性插值

线性插值代表 1-D 情况,而双线性插值代表 2-D 或图像情况。可使用图 3.18 来说明这种类型插值的操作过程。其中,(x_0, y_0)的邻域像素定义如下:

$$\begin{aligned} A = I(u_0, v_0), &\quad B = I(u_0 + 1, v_0) \\ C = I(u_0, v_0 + 1), &\quad D = I(u_0 + 1, v_0 + 1) \end{aligned} \tag{3.51}$$

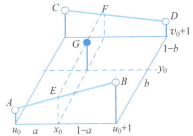

图 3.18 双线性插值。对在位置(x_0, y_0)的点 G 的插值通过考虑邻域像素 A、B、C 和 D 用两个步骤得到。先通过线性插值,考虑被插值点和相邻像素 $a = (x_0 - u_0)$ 之间的距离得到点 E 和 F;再进行垂直插值,利用距离 $b = (y_0 - v_0)$ 得到 E 和 F 之间的点

为得到(x_0, y_0)的值,需要进行两个不同的线性插值,这两个插值是在点 E 和 F 上根据点与最近邻之间的距离 $a = (x_0 - u_0)$ 建立的。这些值根据线性插值获得:

$$\begin{aligned} E = A + (x_0 - u_0) \cdot (B - A) = A + a \cdot (B - A) \\ F = C + (x_0 - u_0) \cdot (D - C) = C + a \cdot (D - C) \end{aligned} \tag{3.52}$$

根据前述值,对点 G 的插值可通过考虑垂直距离 $b = (y_0 - v_0)$ 得到:

$$\begin{aligned} \hat{I}(x_0, y_0) = G &= E + (y_0 - v_0) \cdot (F - E) = E + b \cdot (F - E) \\ &= (a-1)(b-1)A + a(b-1)B + (1-a)bC + abD \end{aligned} \tag{3.53}$$

如同构建线性插值核,2-D 双线性插值核 $W_{\text{bilinear}}(x, y)$ 也可以定义。它是两个 1-D 核

$w_{\text{bilinear}}(x)$和$w_{\text{bilinear}}(y)$的乘积。执行这个乘法就得到：

$$W_{\text{bilinear}}(x,y) = w_{\text{bilinear}}(x) \cdot w_{\text{bilinear}}(y)$$

$$W_{\text{bilinear}}(x,y) = \begin{cases} 1-x-y-xy, & 0 \leqslant |x|,|y| < 1 \\ 0, & \text{其他} \end{cases} \quad (3.54)$$

3. 双立方插值

如前所述，双立方插值核$W_{\text{bicubic}}(x,y)$可借助 1-D 核$w_{\text{bicubic}}(x)$和$w_{\text{bicubic}}(y)$的相乘获得，即

$$W_{\text{bicubic}}(x,y) = w_{\text{bicubic}}(x) \cdot w_{\text{bicubic}}(y) \quad (3.55)$$

式(3.47)定义的 1-D 立方核可用于式(3.55)的相乘。式(3.55)的双立方核显示在图 3.19(a)中，而图 3.19(b)给出了双立方核与 $\text{sinc}(x,y)$ 函数的算术差。

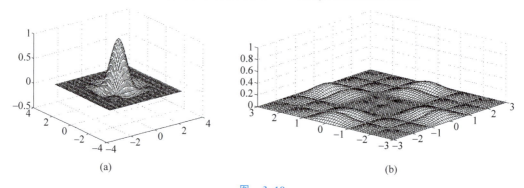

图 3.19

(a) 立方插值的核；(b) 双立方核与 $\text{sinc}(x)$ 函数的差$|\text{sinc}(x,y) - W_{\text{bicubic}}(x,y)|$

3.4 混叠

如本章所讨论的，一个几何变换本质上包括 3 个步骤：

(1) 对变换图像$I'(x',y')$中的每个坐标，均借助逆变换$T^{-1}(x,y)$获得其在原始图像$I(x,y)$中的对应坐标。

(2) 从变换图像$I'(x',y')$出发，使用前面介绍的核进行插值，以重建图像。

(3) 当几何变换要求生成或消除像素时，就需要有一个准则以处理这些像素来消除伪影。

当一幅图像要减小尺寸时，很明显一些原始像素将由于几何变换而丢失。这个问题会导致混叠。混叠效果可看作一个由于图像缩小而导致的问题，它的后果就是对变换图像添加了原始图像中没有的伪影。

有一些方法可以减少混叠效果。根据速度效率比，较好的方法之一就是在图像处理过程中先加一个低通滤波器。滤波器的效果将减弱伪影问题而不会导致过多的计算负荷。这对执行实时处理的人工视觉系统尤为重要。

3.5 MATLAB 中的几何变换函数

本节描述包含在 MATLAB 图像处理工具箱中实现几何变换的函数。一个几何变换通过将输入图像中像素坐标映射为结果图像中新像素坐标的算子来调整图像中像素之间的

关系。

为改变图像的尺寸,MATLAB 提供了函数 imresize。该函数的通用语法是

B = imresize(A,[mre ncol],method);

这个函数从原始图像 A 计算一幅新图像 B,其尺寸由矢量[mre ncol]指定。所用插值方法由变量 method 配置,参见表 3.1。

表 3.1 大多数实现几何变换的 MATLAB 函数所用的插值方法

语 法	方 法
'nearest'	使用最近邻插值(这是默认选项)。见 3.3.3 小节
'bilinear'	使用双线性插值。见 3.3.3 小节
'bicubic'	使用双立方插值。见 3.3.3 小节

为旋转图像,使用函数 imrotate。该函数的通用语法是

B = imrotate(A,angle,method);

这个函数将图像 A 的中心作为旋转轴对其进行旋转。旋转角度由变量 angle 定义。所用插值方法由变量 method 配置,参见表 3.1。

MATLAB 允许实现空间变换,如仿射变换或投影变换。它们的效果总比 imresize 和 imrotate 更有趣和精细。考虑该因素,以及在 MATLAB 中执行这类变换较为复杂,为此开发了下列流程:

(1) 定义几何变换的参数,这应该包括一系列由算子 $T(x,y)$ 执行映射而定义的参数。

(2) 构建一个称为 TFORM 的变换结构,可看作对所定义参数矩阵形式的结合。

(3) 使用函数 imtrasform 执行空间操作。

作为第 1 步,必须要定义需执行的变换。在很多类型的几何变换中,可用一个尺寸为 3×3 的变换矩阵来刻画参数。表 3.2 给出了一些简单变换及对它们建模的变换矩阵之间的联系。

表 3.2 几何变换及对它们建模的变换矩阵

变换	示 例	变 换 矩 阵	
平移		$\begin{bmatrix} 1 & 0 & t_x \\ 0 & 1 & t_y \\ 0 & 0 & 1 \end{bmatrix}$	t_x 指定沿 x 轴的平移量 t_y 指定沿 y 轴的平移量
放缩		$\begin{bmatrix} s_x & 0 & 0 \\ 0 & s_y & 0 \\ 0 & 0 & 1 \end{bmatrix}$	s_x 指定沿 x 轴的放缩量 s_y 指定沿 y 轴的放缩量
倾斜		$\begin{bmatrix} 1 & i_x & 0 \\ i_y & 1 & 0 \\ 0 & 0 & 1 \end{bmatrix}$	i_x 指定 x 轴方向的斜率 i_y 指定 y 轴方向的斜率
旋转		$\begin{bmatrix} \cos(\alpha) & \sin(\alpha) & 0 \\ -\sin(\alpha) & \cos(\alpha) & 0 \\ 0 & 0 & 1 \end{bmatrix}$	α 指定将图像中心作为旋转轴而旋转的角度

为构建包含变换重要特性的 TFORM 结构,使用函数 maketform。该函数的通用语法是

TFORM = maketform(type,MT);

这个函数根据 MT 变换矩阵和要执行的几何变换类别的定义构建 TFORM 结构。几何变换的类别可以是'affine'或'projective'。

'affine'变换包括旋转、平移、放缩和倾斜。如在本章中看到的,在这类几何变换中直线保持为直线,并具有平行线保持不变的特殊性质。考虑到这个性质,矩形变成平行四边形。

在'projective'变换中,直线也保持为直线,区别是如果它们平行,则在结果图像中它们不能保持不变。该变换之所以得名,正是因为直线被变换后产生了一种透视效果,即直线被投影到无穷远的点上。

最后,使用函数 imtransform 执行几何运算。该函数的通用语法是

B = imtransform(A,TFORM,method);

该函数将通过图像 A 上结构 TFORM 建模的几何变换返回到 B。这个插值方法用于配置变量 method,参见表 3.1。

作为示例,将对一幅图像进行沿 x 轴的双重倾斜几何变换。首先,根据表 3.2 构建变换矩阵如下:

$$\mathbf{MT} = \begin{bmatrix} 1 & 0 & 0 \\ 2 & 1 & 0 \\ 0 & 0 & 1 \end{bmatrix} \quad (3.56)$$

接下来,生成结构 TFORM,它可以用如下命令行构建:

MT = [1 0 0; 2 1 0; 0 0 1];
TFORM = maketform('affine',MT);

设将图 3.20(a)的图像存在图像 A 中,使用函数 imtransform 执行几何运算并写出命令行:

B = imtransform(A,TFORM,'bilinear');
imshow(B)

 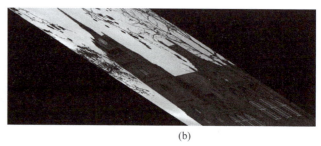

(a) (b)

图 3.20 倾斜几何运算的结果
(a) 原始图像;(b) 得到的结果

如在图 3.20 中看到的,原始图像有较低的维数(600×800),而结果图像有较高的维数(600×1600)。为使结果图像保留原始图像的尺寸,可以使用函数 imresize,即

C = imresize(B,[600 800]);
imshow(C);

参考文献

[1] González-Campos J S,Arnedo-Moreno J,Sánchez-Navarro J. GTCards:A video game for learning geometric transformations:A cards-based video game for learning geometric transformations in higher education. In *Ninth international conference on technological ecosystems for enhancing multiculturality (TEEM'21)*,2021:205-209.

[2] Freeman W T,Anderson D B,Beardsley P,et al. Computer vision for interactive computer graphics. *IEEE Computer Graphics and Applications*,1998,18(3):42-53.

[3] Solomon C,Breckon T. *Fundamentals of digital image processing:A practical approach with examples in MATLAB*. Wiley,2010.

[4] Bebis G,Georgiopoulos M,da Vitoria Lobo N,et al. Learning affine transformations. *Pattern Recognition*,1999,32(10):1783-1799.

[5] Jain A K. *Fundamentals of digital image processing*. Prentice-Hall,Inc,1989.

[6] Petrou M M,Petrou C. *Image processing:The fundamentals*. John Wiley & Sons,2010.

[7] Annadurai S. *Fundamentals of digital image processing*. Pearson Education India,2007.

[8] Han D. Comparison of commonly used image interpolation methods. In *Conference of the 2nd international conference on computer science and electronics engineering(ICCSEE 2013)*. Atlantis Press,2013:1556-1559.

视频

第4章

图像比较和识别

当需要比较一幅图像与另一幅图像或判断一个模式是否包含在一幅图像中时,遇到的问题是:如何评价两幅图像之间的相似性?很明显,要确定两幅图像 I_1 和 I_2 是相同的,那么简单的方法就是看它们的差(别) I_1-I_2 是否为 0。

两幅图像之间的差在检测有常数照明情况下连续图像中的变化时很有用。但是,这种定义比较的简单方法在确定图像之间的相似性指数方面并不可靠[1]。这是由于一个简单的图像全局照明变化、一个所包含目标的平移或小的旋转就可能导致差(别) I_1-I_2 表现为较大的值[2]。尽管有大的差别,两幅图像在人类观察者的观念中仍是相同的。图像之间的比较,不是一个简单的问题,而是图像处理和计算机视觉中一个有趣的研究主题[3]。

本章描述用于比较图像的各种相似性测度。

4.1 灰度图像的比较

先讨论在灰度图像 $I(x,y)$ 中发现参考图像(模式) $R(x,y)$ 的问题。任务是要发现图像 $I(x,y)$ 的像素 (u,v),即最优匹配 $I(x,y)$ 的部分内容与参考图像 $R(x,y)$。如果定义 $R_{r,s}(i,j)=R(i-r,j-s)$ 为沿水平和垂直方向的平移 (r,s),那么,在灰度上比较图像的问题可描述如下:

定义 $I(x,y)$ 为可能包含给定模式 $R(i,j)$ 的图像。现在需要发现能使模式 $R(i,j)$ 和覆盖 $R(i,j)$ 的图像块的相似性评价值最大的平移 (r,s)(见图 4.1)。

为设计一个解决这个问题的算法,需要考虑 3 种重要的情况:首先要有一个对两幅图像之间相似性测度的合适定义;其次尽快发现一个最优平移 (r,s) 的搜索策略;最后确定能保证图像之间可靠匹配的相似性的最小值。在下面各节中将逐一对这些情况进行讨论。

4.1.1 模式间的距离

为确定 $I(x,y)$ 和 $R(i,j)$ 间具有最大重合的点,对每个位置 (r,s) 需要确定平移的参考 $R_{r,s}$ 与图像对应部分之间的距离(见图 4.2)。为测量两个 2-D 元素之间的距离,有不同的指标。下面仅讨论最重要的指标。

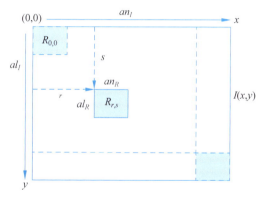

图 4.1 图像识别问题。在图像 $I(x,y)$ 上平移参考模式 $R(i,j)$,其中取图像原点 $(0,0)$ 为参考点。图像尺寸和模式确定了进行比较的搜索区域

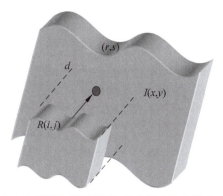

图 4.2 评价两个 2-D 元素之间的距离。参考模式位于图像 I 的像素 (r,s) 上

差别的和:
$$d_A(r,s) = \sum_{(i,j) \in R} |I(r+i,s+j) - R(i,j)| \quad (4.1)$$

差别的最大值:
$$d_M(r,s) = \max_{(i,j) \in R} |I(r+i,s+j) - R(i,j)| \quad (4.2)$$

平方距离的和:
$$d_E(r,s) = \sqrt{\sum_{(i,j) \in R} [I(r+i,s+j) - R(i,j)]^2} \quad (4.3)$$

为了解释各个指标在图像上的效果,将它们用于确定最优匹配点进行测试。对这个实验,所用图像 $I(x,y)$ 和模式 $R(i,j)$ 如图 4.3 所示。

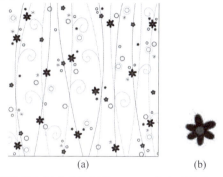

图 4.3 用于展示不同距离测度进行图像 $I(x,y)$ 和参考模式 $R(i,j)$ 比较效果的图

(a) 图像 $I(x,y)$; (b) 参考模式 $R(i,j)$

1. 差别的和

对每个指标实现了一个 MATLAB 程序。对这些指标实现的方法示例了开发更复杂算法以使用距离测度作为相似准则来确定模式的方式。程序 4.1 说明了如何计算图像和参考模式之间差别的和。

程序 4.1 计算图像 $I(x,y)$ 和参考模式 $R(i,j)$ 之间差别的和

```matlab
%%%%%%%%%%%%%%%%%%%%%%%%%%%%%%%%%%%%%%%%%%%%%%%%%
% Program that allows calculating the distance of
% the sum of differences between I(x,y) and R(i,j)
%%%%%%%%%%%%%%%%%%%%%%%%%%%%%%%%%%%%%%%%%%%%%%%%%
% Erik Cuevas, Alma Rodríguez
%%%%%%%%%%%%%%%%%%%%%%%%%%%%%%%%%%%%%%%%%%%%%%%%%
% Get the dimension of the image
[m n] = size(Im);
% Convert to double to avoid numerical problems
Imd = double(Im);
Td = double(T);
% Get the size of the reference image
[mt nt] = size(T);
% Variable sum is initialized to zero
suma = 0;
% The distances between I(x,y) and R(i,j)
% are obtained according to 4.1
for re = 1:m - mt
 for co = 1:n - nt
  indice = 0;
  for re1 = 0:mt - 1
   for co1 = 0:nt - 1
    suma = abs (Imd (re + re1,co + co1) - Td (re1 + 1,co1 + 1)) + suma;
   end
  end
  da (re,co) = suma;
  suma = 0;
 end
end
```

图 4.4 给出了使用差别的和所确定的距离,其中将图 4.3(a) 作为图像 $I(x,y)$ 而图 4.3(b) 作为参考模式 $R(i,j)$。

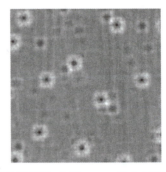

图 4.4 差别的和距离的计算结果,将图 4.3(a) 作为图像而图 4.3(b) 作为参考模式

在图 4.4 中,暗的位置给出图像中对应较小距离的像素,意味在图像的这些区域和参考模式之间具有较高的相似性。

2. 差别的最大值

程序 4.2 说明了如何计算图像和参考模式之间差别的最大值。

程序 4.2 计算图像和参考模式之间差别的最大值

```
%%%%%%%%%%%%%%%%%%%%%%%%%%%%%%%%%%%%%%%%%%%%%%%
% Program for calculating the distance of the
% maximum differences between I(x,y) and R(i,j)
%%%%%%%%%%%%%%%%%%%%%%%%%%%%%%%%%%%%%%%%%%%%%%%
% Erik Cuevas, Alma Rodríguez
%%%%%%%%%%%%%%%%%%%%%%%%%%%%%%%%%%%%%%%%%%%%%%%
% Get the dimension of the image
[m n] = size(Im);
% Convert to double to avoid numerical problems
Imd = double(Im);
Td = double(T);
% Get the size of the reference image
[mt nt] = size(T);
% A matrix is defined that collects the results of the
% differences
Itemp = zeros(size(T));
% The distances between I(x,y) and R(i,j)
% are obtained according to 4.2
for re = 1:m - mt
    for co = 1:n - nt
        indice = 0;
        for re1 = 0:mt - 1
            for co1 = 0:nt - 1
Itemp (re1 + 1, co1 + 1) = abs (Imd (re + re1, co + co1) - Td(re1 + 1, co1 + 1));
            end
        end
        dm(re, co) = max (max (Itemp));
    end
end
```

图 4.5(a)给出了用差别的最大值确定的一幅图像和一个参考模式(分别见图 4.3(a)和图 4.3(b))之间的距离。可见,对这幅图像并不建议用这个测度作为相似性指标。

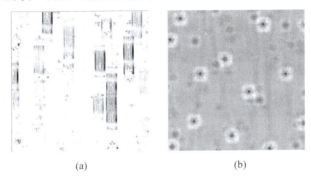

图 4.5 一幅图像和一个参考模式间的距离计算结果

(a) 差别最大值的距离结果;(b) 平方距离和的距离结果

3. 平方距离的和

程序 4.3 说明了如何计算图像和参考模式之间平方距离的和。

程序 4.3 计算图像和参考模式之间平方距离的和

```matlab
%%%%%%%%%%%%%%%%%%%%%%%%%%%%%%%%%%%%%%%%%%%%%%%%%%%%%%
% Program to calculate the distance of the sum
% of squared distances between I(x,y) and R(i,j)
%%%%%%%%%%%%%%%%%%%%%%%%%%%%%%%%%%%%%%%%%%%%%%%%%%%%%%
% Erik Cuevas, Alma Rodríguez
%%%%%%%%%%%%%%%%%%%%%%%%%%%%%%%%%%%%%%%%%%%%%%%%%%%%%%
% Get the dimension of the image
[m n] = size(Im);
% Convert to double to avoid numerical problems
Imd = double(Im);
Td = double(T);
% Get the size of the reference image
[mt nt] = size(T);
% Variable sum is initialized to zero
suma = 0;
% The distances between I(x,y) and R(i,j)
% are obtained according to 4.3
for re = 1:m - mt
    for co = 1:n - nt
        indice = 0;
        for re1 = 0:mt - 1
            for co1 = 0:nt - 1
                suma = (Imd(re + re1,co + co1) - Td(re1 + 1,co1 + 1))^2 + suma;
            end
        end
        de (re,co) = sqrt (suma);
        suma = 0;
    end
end
```

在图 4.5(b) 中，暗的位置给出对应图像和参考模式（分别是图 4.3(a) 和图 4.3(b)）之间距离较小的像素，意味在图像的这些区域和参考模式之间具有较高的相似性。

4.1.2 距离和相关

定义在式 (4.3) 中的欧氏距离因其统计特性特别重要。为发现图像 $I(x,y)$ 与参考模式 $R(i,j)$ 之间的最大重叠，只要最小化 d_E^2 的平方（取正值）。d_E^2 可描述如下：

$$d_E^2(r,s) = \sum_{(i,j) \in R} [I(r+i,s+j) - R(i,j)]^2$$

$$= \underbrace{\sum_{(i,j) \in R} [I(r+i,s+j)]^2}_{A(r,s)} + \underbrace{\sum_{(i,j) \in R} [R(i,j)]^2}_{B} - 2\underbrace{\sum_{(i,j) \in R} [I(r+i,s+j) \cdot R(i,j)]}_{C(r,s)} \quad (4.4)$$

式 (4.4) 中的 B 项表示参考模式 $R(i,j)$ 中所有值的平方和。因为这些值不依赖于偏移 (r,s)，所以 B 项在整个式 (4.4) 处理过程中为常数。因此，B 项可在评价时忽略。表达

式 $A(r,s)$ 代表对应 $R(i,j)$ 的图像像素值的平方和。$A(r,s)$ 值依赖于偏移 (r,s)。$C(r,s)$ 表示 $I(x,y)$ 和 $R(i,j)$ 之间的互相关。这个互相关定义如下：

$$(I \otimes R)(r,s) = \sum_{i=-\infty}^{\infty} \sum_{j=-\infty}^{\infty} I(r+i, s+j) \cdot R(i,j) \qquad (4.5)$$

因为在图像 $I(x,y)$ 和模式 $R(i,j)$ 维数之外的元素考虑为 0，所以式(4.5)可写成如下形式（R_m 和 R_n 分别指示两个方向上的最大值）：

$$\sum_{i=0}^{anR_m-1} \sum_{j=0}^{alR_n-1} I(r+i, s+j) \cdot R(i,j) = \sum_{(i,j) \in R} I(r+i, s+j) \cdot R(i,j) \qquad (4.6)$$

相关与卷积基本上是相同的操作，除了在卷积中要将操作核反转。

如果式(4.4)中的 $A(r,s)$ 项对图像 $I(x,y)$ 近似保持为常数，那么这意味着图像中的能量是均匀分布的。这样相关的最大值 $C(r,s)$ 对应图像 $I(x,y)$ 与参考模式 $R(i,j)$ 具有最大重叠的点。在这种情况下，只能使用 $I \otimes R$ 相关的最大值来计算 d_E^2 的最小值。这一点很重要，因为使用傅里叶变换可以在频域高度有效地计算相关。

下面给出如何实现在式(4.6)中定义的在一幅图像和一个参考模式之间的广义相关。程序 4.4 给出了相应的代码。

程序 4.4 计算图像和参考模式之间由式(4.6)定义的广义相关

```
%%%%%%%%%%%%%%%%%%%%%%%%%%%%%%%%%%%%%%%%%%%%%%%%%%%
% Program that allows calculating the general correlation
% between I(x,y) and R(i,j)
%%%%%%%%%%%%%%%%%%%%%%%%%%%%%%%%%%%%%%%%%%%%%%%%%%%
% Erik Cuevas, Alma Rodríguez
%%%%%%%%%%%%%%%%%%%%%%%%%%%%%%%%%%%%%%%%%%%%%%%%%%%
% Get the dimension of the image
[m n] = size(Im);
% Convert to double to avoid numerical problems
Imd = double(Im);
Td = double(T);
% Get the size of the reference image
[mt nt] = size(T);
% Variable sum is initialized to zero
suma = 0;
% The distances between I(x,y) and R(i,j)
% are obtained according to 4.6
for re = 1:m - mt
    for co = 1:n - nt
        indice = 0;
        for re1 = 0:mt - 1
            for co1 = 0:nt - 1
suma = Imd(re + re1, co + co1) * Td(re1 + 1, co1 + 1) + suma;
            end
        end
        de (re,co) = suma;
        suma = 0;
    end
end
% The elements of de are transformed within the interval [0,1]
```

```
C = mat2gray(de);
imshow(C)
```

图 4.6 给出了对图 4.3(a)的图像和图 4.3(b)的参考模式计算相关的结果。在图 4.6 中,暗的位置对应给出图像中具有较小值的像素,意味着根据式(4.6)在图像的这些区域和参考模式间具有较高的相似性。

图 4.6 广义相关的计算结果,用图 4.3(a)作为图像和用图 4.3(b)作为参考模式

4.1.3 归一化的互相关

实际中,假设 $A(r,s)$ 项对图像近似保持常数常不满足。因此,相关结果高度依赖于图像 $I(x,y)$ 的强度变化[4]。归一化的互相关 $C_N(r,s)$ 通过考虑图像的总能量对该依赖性进行补偿。归一化的互相关定义如下:

$$C_N(r,s) = \frac{C(r,s)}{\sqrt{A(r,s) \cdot B}} = \frac{C(r,s)}{\sqrt{A(r,s)} \cdot \sqrt{B}}$$
$$= \frac{\sum_{(i,j) \in R} [I(r+i,s+j) \cdot R(i,j)]}{\sqrt{\sum_{(i,j) \in R} [I(r+i,s+j)]^2} \cdot \sqrt{\sum_{(i,j) \in R} [R(i,j)]^2}} \quad (4.7)$$

因为图像 $I(x,y)$ 和参考模式 $R(i,j)$ 的值都为正值,所以 $C_N(r,s)$ 的结果值在区间[0,1]中。$C_N(r,s) = 1$ 代表 $R(i,j)$ 与图像 $I(x,y)$ 中对应部分相似性的最大值。由归一化的互相关产生的值具有可以用作标准相似性指标的优点。

对式(4.7)的构建与式(4.5)相反,表明了参考模式 $R(i,j)$ 与图像 $I(x,y)$ 中对应部分之间绝对距离的局部距离测度的特性。不过,需要注意,对图像照明的增加有可能使 $C_N(r,s)$ 值变化很大。

下面给出如何实现在式(4.7)中定义的在一幅图像和一个参考模式之间的归一化互相关。程序 4.5 给出了计算通用归一化互相关的代码。

程序 4.5 确定图像和参考模式之间由式(4.7)定义的归一化互相关

```
%%%%%%%%%%%%%%%%%%%%%%%%%%%%%%%%%%%%%%%%%%%%%%%%%%%
% Program that allows calculating the normalized
% cross - correlation between I(x,y) and R(i,j)
%%%%%%%%%%%%%%%%%%%%%%%%%%%%%%%%%%%%%%%%%%%%%%%%%%%
% Erik Cuevas, Alma Rodríguez
%%%%%%%%%%%%%%%%%%%%%%%%%%%%%%%%%%%%%%%%%%%%%%%%%%%
% Get the dimension of the image
```

```
[m n] = size(Im);
% Convert to double to avoid numerical problems
Imd = double (Im);
Td = double (T);
% Get the size of the reference image
[mt nt] = size(T);
% Variable sum is initialized to zero
suma = 0;
suma1 = 0;
% The matrixes C(r,s) y A(r,s) of Eq. 4.4 are obtained
for re = 1:m - mt
    for co = 1:n - nt
        indice = 0;
        for re1 = 0:mt - 1
            for co1 = 0:nt - 1
suma = Imd(re + re1,co + co1) * Td(re1 + 1,co1 + 1) + suma;
suma1 = Imd(re + re1,co + co1) * Imd(re + re1,co + co1) + suma1;
            end
        end
        C(re, co)  = 2 * suma;
        A(re,co) =  suma1;
        suma = 0;
        suma1 = 0;
        end
end
sum = 0;
% The matrix B of Eq. 4.4 is obtained
for re1 = 0:mt - 1
            for co1 = 0:nt - 1
sum = Td(re1 + 1, co1 + 1) * Td(re1 + 1,co1 + 1) + sum;
            end
end
% The normalized cross - correlation is obtained
% according to the Eq. 4.7
for re = 1:m - mt
    for co = 1: n - nt
 Cn(re, co) = C(re, co) /((sqrt)(A(re, co))) * sqrt(sum));
    end
end
imshow(Cn)
```

图 4.7 给出了对图 4.3(a)的图像和图 4.3(b)的参考模式计算归一化互相关的结果。在图 4.7 中，亮的位置对应给出图像中具有最大相关值的像素（值为 1），意味在图像的这些区域和参考模式之间具有很大的相似性，而其他值（值小于 1）具有较小相关性或没有相关性（相似性）。

4.1.4 相关系数

光照问题是影响归一化互相关的典型问题。该问题代表由于照明条件而使（值小于 1 的）像素具有小或不相关或不相似的情况。避免这个问题的一种可能性是考虑

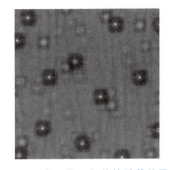

图 4.7 归一化互相关的计算结果，用图 4.3(a)作为图像和用图 4.3(b)作为参考模式

这些像素值与它们的平均值而不仅仅是该像素强度值的局部差别[5]。因此将式(4.7)重写为

$$C_L(r,s) = \frac{\sum_{(i,j) \in R} [I(r+i,s+j) - \bar{I}(r,s)] \cdot [R(i,j) - \bar{R}]}{\sqrt{\sum_{(i,j) \in R} [I(r+i,s+j) - \bar{I}(r,s)]^2} \cdot \sqrt{\sum_{(i,j) \in R} [R(i,j) - \bar{R}]^2}} \quad (4.8)$$

其中,$\bar{I}(r,s)$和$\bar{R}$定义如下:

$$\bar{I}(r,s) = \frac{1}{N} \sum_{(i,j) \in R} I(r+i,s+j), \quad \bar{R} = \frac{1}{N} \sum_{(i,j) \in R} R(i,j) \quad (4.9)$$

其中,N对应参考图像$R(i,j)$中元素的数量。式(4.8)在统计学中称为相关系数。相关系数不能考虑为一个评价一般数据集的全局相关指标,而是一个只考虑由参考图像的尺寸明确确定的局部因子。相关系的数值在$[-1,1]$的范围中变化,其中值为1代表最高的相似指标,而-1代表$I(x,y)$与$R(i,j)$完全不同。

式(4.8)的分母包含下列表达:

$$\sigma_R^2 = \sum_{(i,j) \in R} [R(i,j) - \bar{R}]^2 = \sum_{(i,j) \in R} [R(i,j)]^2 - N \cdot \bar{R}^2 \quad (4.10)$$

式(4.10)对应模式$R(i,j)$的方差。这个值在处理$C_L(r,s)$值时是常数,因此只需计算一次。将其代入式(4.8),可将表达式重写为

$$C_L(r,s) = \frac{\sum_{(i,j) \in R} [I(r+i,s+j) \cdot R(i,j)] - N \cdot \bar{I}(r,s) \cdot \bar{R}}{\sqrt{\sum_{(i,j) \in R} [I(r+i,s+j) - N \cdot \bar{I}(r,s)]^2} \cdot \sigma_R} \quad (4.11)$$

上面的表达对应计算局部相关系数的最有效方式。这里有效是由于$\bar{R}$和σ_R只需计算一次,而$\bar{I}(r,s)$不再参与对图像每个像素的计算,只需考虑一次。

根据式(4.11)计算的相关系数对应一个图像局部测度指标,与式(4.5)的线性相关不同。它是一个局部指标,不可能在频域构建一个计算相同指标的方法,因为频谱技术用于构建全局特性的计算。

下面给出如何计算实现在式(4.11)中定义的在一幅图像和一个参考模式之间的相关系数。程序 4.6 给出计算相关系数的代码。

程序 4.6 计算图像和参考模式之间由式(4.11)定义的相关系数

```
%%%%%%%%%%%%%%%%%%%%%%%%%%%%%%%%%%%%%%%%%%%%%%%%%%%%%%%
% Program that allows calculating the coefficient of
% correlation between I(x,y) and R(i,j)
%%%%%%%%%%%%%%%%%%%%%%%%%%%%%%%%%%%%%%%%%%%%%%%%%%%%%%%
% Erik Cuevas, Alma Rodríguez
%%%%%%%%%%%%%%%%%%%%%%%%%%%%%%%%%%%%%%%%%%%%%%%%%%%%%%%
% Get the dimension of the image
[m n] = size(Im);
% Convert to double to avoid numerical problems
Imd = double (Im);
Td = double(T);
% Get the size of the reference image
[mt nt] = size(T);
```

```
% Variables sum are initialized to zero
suma1 = 0;
suma2 = 0;
suma3 = 0;
% The mean of the reference image is calculated
MT = mean(mean(Td));

for re = 1:m - mt
    for co = 1:n - nt

        for re1 = 0:mt - 1
            for co1 = 0:nt - 1
% The corresponding matrix of the image of
% reference
                Itemp(re1 + 1,co1 + 1) = Imd(re + re1, co + co1);
            end
        end
         % The average of the corresponding image is calculated
        MI = mean (mean (Itemp));
        for re1 = 0:mt - 1
            for co1 = 0:nt - 1
    suma1 = (Itemp(re1 + 1,co1 + 1) - MI) * (Td(re1 + 1,co1 + 1) - MT) + suma1;
                suma2 = ((Itemp(re1 + 1,co1 + 1) - MI)^2) + suma2;
                suma3 = ((Td(re1 + 1,co1 + 1) - MT)^2) + suma3;
            end
        end
         % The correlation coefficient is calculated according to 4.8
        CL (re, co) = suma1/((sqrt(suma2) * sqrt (suma3)) + eps);
         % Accumulation variables are reset
        suma1 = 0;
        suma2 = 0;
        suma3 = 0;
    end
end
% The elements of CL are transformed within the interval
[0,1]
CLN = mat2gray (CL);
imshow (CLN)
```

图 4.8 给出了对图 4.3(a) 的图像和图 4.3(b) 的参考模式计算相关系数的结果。在图 4.8 中，亮的位置对应给出图像中具有最大相关值的像素(值为 1)，意味着在图像的这些区域和参考模式之间具有很大的相似性，而其他值(值小于 1)具有较小相关性或没有相关性(相似性)。

图 4.9 给出了前述用来测量一幅图像和一个参考模式之间相似性的模型表面。在表面上，尖峰代表图像和模式非常相似的点或区域。

由图 4.9 所示的表面可得到一些重要的结论。在如图 4.9(a) 所示的用广义相关获得的表面中，尽管图像和模式之间具有最大相似性的点很明显，但它有一个较大的扩

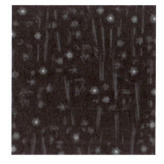

图 4.8 相关系数的计算结果，用图 4.3(a) 作为图像和用图 4.3(b) 作为参考模式

展。在这种条件下,该方法需要额外对区域进行分析以准确地确定最大相似性的点。图 4.9 (b)展示了用归一化互相关获得的表面。在这个图中,很明显最大相似性的点比其他点定义得更清晰。但是这些点的幅度几乎不比其他点大。该方法的特点是围绕最大值的峰有一圈小的谷。图 4.9(c)展示了用相关系数获得的表面。该图表明图像和模式之间具有最大相似性的点很明显(最大峰)。它还保持了其幅度和相关不显著的点之间的关系。另一个有趣的情况是相关系数方法构建了较多数量的峰,意味着有可能发现大量的模式并比其他方法(见图 4.9(a)和图 4.9(b))更鲁棒。

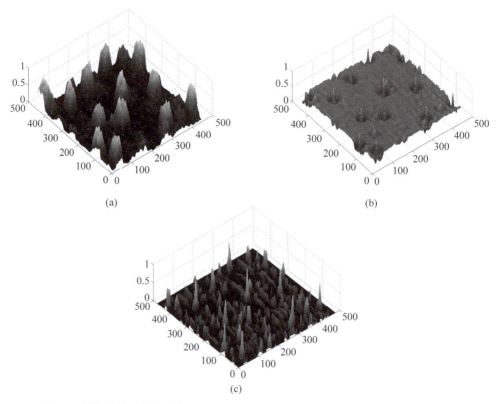

图 4.9　从相关方法获得的表面(用图 4.3(a)作为图像和用图 4.3(b)作为参考模式)
(a) 广义相关;(b) 归一化互相关;(c) 相关系数

4.2　利用相关系数的模式识别

本节介绍如何使用相关系数 $C_L(x,y)$ 来实现模式识别系统。如前所述,计算相关系数的方式以及与被识别目标之间的联系使其足够鲁棒以用作模式识别的准则[6]。

识别算法实际上基于使用式(4.8)和式(4.11)对相关系数的计算。由这些公式可以获得一幅图像,其像素的值为 −1~1,其中,1 代表具有最高指标的相似性,−1 代表没有发现模式[7]。考虑前面所用的示例,图 4.10 给出了计算相关系数 $C_L(x,y)$ 的结果。

在图 4.10 中,可以很清晰地看到具有相当大相关系数的区域与其相关模式发生了位移。这是因为计算方法包括一个图像块 $I(x,y)$ 相对于模式 $R(i,j)$ 左上角点的移动。所以,最大值对应其尺寸等于参考模式 $R(i,j)$ 的窗口位置。图 4.11 展示了计算出的相关系数与图像块的联系。

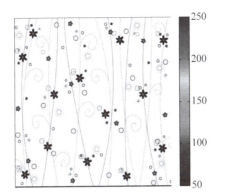

彩图

图 4.10 相关系数最大值的等高图（用图 4.3(a)作为图像，用图 4.3(b)作为参考模式），彩色尺度标在右侧

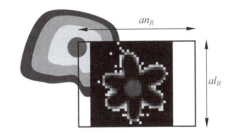

彩图

图 4.11 计算出的相关系数与所涉及图像块的联系，后者与 $R(i,j)$ 具有相同的尺寸

在计算相关系数得到的区域中，需要确定一个能代表图像中需检测模式的具有最优相似性的点。如果满足式(4.12)的条件，则一个图像 $C_L(x,y)$ 中的点被认为是一个最大相关的可能点：

$$C_L(x,y) > t_h \tag{4.12}$$

其中，t_h 是依赖于图像内容的阈值（典型值为 0.3～0.7）。因此，应用式(4.12)可得到一个二值矩阵，其中包含满足条件的 1(真)和不成立的 0(假)。

为定位保持最大相关的点，仅选择在给定邻域中具有最高值 $C_L(x,y)$ 的像素。图 4.12 展示了该过程。算法 4.1 给出了使用相关系数 $C_L(x,y)$ 检测模式的通用方式。该技术完全基于对式(4.8)或式(4.11)的计算以及对最大相关点的确定。

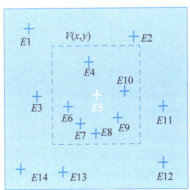

图 4.12 获得最大相关点的过程。从 $C_L(x,y)$ 出发，使用阈值 t_h，选择在给定邻域 $V(x,y)$ 中 $C_L(x,y)$ 值最大的点。这里，相比于 $V(x,y)$ 中的像素 $E4$、$E6$、$E7$、$E8$、$E9$ 和 $E10$，像素 $E5$ 具有最大 $C_L(x,y)$ 值

算法 4.1 使用相关系数进行模式检测的算法

使用相关系数 $(I(x,y), R(i,j))$ 进行模式识别
1. 对所有点 $I(x,y)$ 处理
   for $x \leftarrow 1, 2, \ldots, al_I - al_R$ **do**
     for $y \leftarrow 1, 2, \ldots, an_I - an_R$ **do**
       计算 x 的值 $\bar{I}(x,y) = \dfrac{1}{N} \sum\limits_{(i,j) \in R} I(x+i, y+j)$
     end
   end

2. 计算 $\bar{R} = \dfrac{1}{N} \sum\limits_{(i,j) \in R} R(i,j)$

3. 对所有点 $I(x,y)$ 处理
   for $x \leftarrow 1, 2, \ldots, al_I - al_R$ **do**
     for $y \leftarrow 1, 2, \ldots, an_I - an_R$ **do**
       计算 $C_L(x,y)$ 的值
       for $i \leftarrow 1, 2, \ldots, al_R$ **do**
         for $j \leftarrow 1, 2, \ldots, an_R$ **do**

$$C_L(x,y) = \frac{\sum\limits_{(i,j) \in R} [I(x+i, y+j) - \bar{I}(x,y)] \cdot [R(i,j) - \bar{R}]}{\sqrt{\sum\limits_{(i,j) \in R} [I(x+i, y+j) - \bar{I}(x,y)]^2} \cdot \underbrace{\sqrt{\sum\limits_{(i,j) \in R} [R(i,j) - \bar{R}]^2}}_{\sigma_R^2}}$$

         end
       end
     end
   end

4. 使用阈值 t_h 获得二值矩阵
$$U(x,y) = C_L(x,y) > t_h$$

5. 定位出具有最大值的点。为此构建一个二值矩阵 $S(x,y)$，其中对应显著相关值位置像素的值为 1，而不具备相似性值位置像素的值为 0
6. 定义一个邻域 $V(x,y)$
7. 将 $S(x,y)$ 初始化为所有值均为 0
8. **for** 图像 $I(x,y)$ 的所有坐标 **do**
9. **if** $[U(x,y) == 1]$ **then**
10. **if** $[V(x,y) > R(x,y)$ 的各个值$]$ **then**
11. $S(x,y) = 1$
12. **end for**

算法 4.1 的第 1~3 行表示了计算相关系数 $C_L(x,y)$ 矩阵的过程。该过程已在 4.1.4 小节详细描述过。考虑一个合适的 t_h 值，根据第 4 行可得到二值矩阵 $U(x,y)$。它包含具有显著相关 $C_L(x,y)$ 值的点的信息。为发现从 $C_L(x,y)$ 得到的区域中最大相关的点，可使用第 5~12 行给出的过程。这里使用矩阵 $U(x,y)$ 中的信息以寻找"真的相关点"，它们是围绕检测点的邻域 $V(x,y)$ 中相较于其他点具有最大 $C_L(x,y)$ 值的点。

实现利用相关系数的模式识别系统

这里介绍如何实现算法 4.1 以利用相关系数识别目标。程序 4.7 展示了如何使用算法 4.1 以定位一幅图像中的参考模式。

程序 4.7 基于对相关系数 $C_L(x,y)$ 的计算实现模式识别的程序

```
%%%%%%%%%%%%%%%%%%%%%%%%%%%%%%%%%%%%%%%%%%%%%%%%%%%%%%%
% Program that allows recognizing patterns through the
```

```matlab
% correlation coefficient between I(x,y) and R(i,j)
%%%%%%%%%%%%%%%%%%%%%%%%%%%%%%%%%%%%%%%%%%%%%%%%%%%%%%%%%
% Erik Cuevas, Alma Rodríguez
%%%%%%%%%%%%%%%%%%%%%%%%%%%%%%%%%%%%%%%%%%%%%%%%%%%%%%%%%
% All the code described in Program 4.6 is used.
% The threshold value is set
th = 0.5;
% The binary matrix U is obtained
U = CLN > 0.5;

% The value of the neighborhood is set
pixel = 10;
% Obtain the largest value of CLN from a neighborhood
% defined by the pixel variable
for r = 1 : m - mt
    for c = 1 : n - nt
        if (U(r,c))
            % Define the left boundary of the neighborhood
            I1 = [r - pixel 1];
            % The right limit of the neighborhood is defined
            I2 = [r + pixel m - mt];
            % Define the upper limit of the neighborhood
            I3 = [c - pixel 1];
        % Define the lower bound of an of the neighborhood
            I4 = [c + pixel n - nt];
            % Positions are defined taking into account that
                % its value is relative to r and c.
            datxi = max(I1);
            datxs = min(I2);
            datyi = max(I3);
            datys = min(I4);
            % The block is extracted from the CLN matrix Bloc = CLN (datxi:1:datxs, datyi:1:datys);
            % Get the maximum value of the neighborhood
            MaxB = max(max(Bloc));
            % If the current pixel value is the maximum
            % then in that position, a one is placed in
            % the matrix S
            if (CLN(r,c) == MaxB)
                S(r,c) = 1;
            end
        end
    end
end
% The original image is shown
imshow (Im)
% The graphic object is kept so that the others
% graphic commands have an effect on the image Im
hold on
% Half of the defined window is determined
% by the reference pattern.
y = round(mt/2);
x = round(nt/2);
% Half of the window defined by the reference
```

```
% pattern is added to each value of the maximum
correlation
% in S, in order to exactly identify the object.
for r = 1:m - mt
    for c = 1:n - nt
        if(S(r,c))
        Resultado (r + y, c + x) = 1;
        end
    end
end
% The points of maximum correlation are defined in
% Resultado are plotted on the image Im.
for r = 1:m - mt
    for c = 1:n - nt
        if(Resultado(r,c))
        plot(c,r,' + g');
        end
    end
end
```

图 4.13 给出了执行程序 4.7 得到的结果,以表明方法的有效性,即能够识别要检测模式的旋转和放缩的版本。模式上白色符号+(加号)定义了识别出的元素。对加号坐标的计算对应最大相关点的值加上参考模式尺寸一半的值。这个偏移允许将最大相关点的中心定位到与其对应的图像模式上。

图 4.13 利用程序 4.7 的识别算法得到的结果(用图 4.3(a)作为图像,用图 4.3(b)作为参考模式)

4.3 二值图像的比较

如已在前面各节分析过的,灰度图像之间的比较问题可通过相关计算解决。尽管该方法并没有提供一个最优解,但利用有效的计算设备可在一定的情况下获得可靠的结果。如果要直接比较两幅二值图像,尽管图像和要检测的模式之间完全相似或完全不同,但它们之间的差异是不规则的。

直接比较二值图像的问题是尽管两幅图像由于平移、旋转或失真而只有较小的差异,但仍有可能产生较强的差别[8]。因此,问题是如何既能比较二值图像又能容忍小的差异。因此,目标就是不去考虑属于图像目标的像素数量是否与参考图像一致,而是使用一个几何测度以判断两个模式有多么相似或多么不相似。

4.3.1 距离变换

对上述问题的一个可能解是确定各个像素与其最接近的值为 1 的像素有多远。在这样的条件下可以确定一个最小移动的测度。需要用这个值来确定一个像素何时与另一个像素重叠[9]。考虑一幅二值图像 $I_b(x,y)$，描述如下数据集：

$$\mathrm{FG}(I) = \{\boldsymbol{p} \mid I(\boldsymbol{p}) = 1\}, \quad \mathrm{BG}(I) = \{\boldsymbol{p} \mid I(\boldsymbol{p}) = 0\} \tag{4.13}$$
$$\tag{4.14}$$

其中，$\mathrm{FG}(I)$ 考虑所有值为 1 的图像像素，$\mathrm{BG}(I)$ 考虑所有值为 0 的图像像素。$I_b(x,y)$ 的距离变换 $D(\boldsymbol{p})$ 定义如下：

$$D(\boldsymbol{p}) = \min_{\boldsymbol{p}' \in \mathrm{FG}(I)} \mathrm{dist}(\boldsymbol{p}, \boldsymbol{p}') \tag{4.15}$$

它对所有点 $\boldsymbol{p}=(x,y)$ 对成立，其中，$x=0,1,\cdots,M-1$ 和 $y=0,1,\cdots,N-1$（图像维数是 $M \times N$）。如果像素 $\boldsymbol{p}$ 的值为 1，则 $D(\boldsymbol{p})=0$。这是因为要使该像素与一个值为 1 的像素重叠而不需要移动。

定义在式（4.15）中的函数 $\mathrm{dist}(\boldsymbol{p},\boldsymbol{p}')$ 评估两个坐标点 $\boldsymbol{p}=(x,y)$ 和 $\boldsymbol{p}'=(x',y')$ 之间的几何距离。可使用合适的距离函数，如欧氏距离：

$$d_E(\boldsymbol{p},\boldsymbol{p}') = \boldsymbol{p} - \boldsymbol{p}' = \sqrt{(x-x')^2 + (y-y')^2} \tag{4.16}$$

或曼哈顿距离：

$$d_M(\boldsymbol{p},\boldsymbol{p}') = |x-x'| + |y-y'| \tag{4.17}$$

图 4.14 给出了一个使用曼哈顿距离 d_M 进行距离变换的简单例子。

(a)
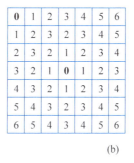
(b)

图 4.14　使用曼哈顿距离作为距离函数进行二值图像距离变换的例子
(a) 二值图像；(b) 距离变换的结果

直接根据式（4.15）的定义计算距离变换需要很高的计算成本，因为对每个像素 $\boldsymbol{p}=(x,y)$，需要找到其最近的像素 $\boldsymbol{p}'=(x',y')$。这个过程需要对图像中的每个像素生成一个距离矩阵，从中检测最小值。

4.3.2 斜面算法

斜面（倒角）算法是计算距离变换的有效方法[10]，它使用两个顺序的处理循环，其中距离计算在不同方向通过图像传播。在第 1 个循环中，对距离的计算从左上角向右向下；而在第 2 个循环中，对距离的计算从右下角向左向上（与第 1 个循环的方法相反）。在两个计算距离的循环中，使用两个不同的模板，一个模板对应一个循环：

$$\boldsymbol{M}^I = \begin{bmatrix} M_2^I & M_3^I & M_4^I \\ M_1^I & \times & \cdot \\ \cdot & \cdot & \cdot \end{bmatrix}, \quad \boldsymbol{M}^D = \begin{bmatrix} \cdot & \cdot & \cdot \\ \cdot & \times & M_1^D \\ M_4^D & M_3^D & M_2^D \end{bmatrix} \tag{4.18}$$

模板 $\boldsymbol{M}^I$ 和 $\boldsymbol{M}^D$ 的值对应当前点×和其相对邻居之间的几何距离。模板 $\boldsymbol{M}^I$ 和 $\boldsymbol{M}^D$ 的值依赖于所选用的距离函数 $\mathrm{dist}(\boldsymbol{p}, \boldsymbol{p}')$。算法 4.2 描述了使用斜面算法对二值图像 $I_b(x, y)$ 进行距离变换 $D(x, y)$ 的计算。

算法 4.2 计算距离变换的斜面算法

距离变换($\boldsymbol{I}_b(\boldsymbol{x}, \boldsymbol{y})$),维数 $M \times N$ 的二值图像 $I_b(x, y)$
1. 步骤1: 初始化
    for 图像 $I_b(x, y)$ 的所有坐标 **do**
        if $[U(x, y) == 1]$ **then**
            $D(x, y) = 0$
        else
            $D(x, y) = $ 大的值
2. 步骤2: 从左到右、从上到下处理具有模板 M^I 的图像
    for $y \leftarrow 1, 2, \ldots, M$ **do**
        for $x \leftarrow 1, 2, \ldots, N$ **do**
            if $[I_b(x, y) > 0]$ **then**
                $d_1 = m_1^I + D(x-1, y)$
                $d_2 = m_2^I + D(x-1, y-1)$
                $d_3 = m_3^I + D(x, y-1)$
                $d_4 = m_4^I + D(x+1, y-1)$
                $D(x, y) = \min(d_1, d_2, d_3, d_4)$
        end
    end
3. 步骤3: 从右到左、从下到上处理具有模板 M^D 的图像
    for $y \leftarrow M \leftarrow 1, \ldots, 1$ **do**
        for $x \leftarrow N \leftarrow 1, \ldots, 1$ **do**
            if $[I_b(x, y) > 0]$ **then**
                $d_1 = m_1^R + D(x+1, y)$
                $d_2 = m_2^R + D(x+1, y+1)$
                $d_3 = m_3^R + D(x, y+1)$
                $d_4 = m_4^R + D(x-1, y+1)$
                $D(x, y) = \min[d_1, d_2, d_3, d_4, D(x, y)]$
        end
    end
4. 返回 $D(x, y)$ 的值

使用曼哈顿距离的斜面算法采用如下定义的模板:

$$\boldsymbol{M}^I = \begin{bmatrix} 2 & 1 & 2 \\ 1 & \times & \cdot \\ \cdot & \cdot & \cdot \end{bmatrix}, \quad \boldsymbol{M}^D = \begin{bmatrix} \cdot & \cdot & \cdot \\ \cdot & \times & 1 \\ 2 & 1 & 2 \end{bmatrix} \tag{4.19}$$

使用欧氏距离的斜面算法采用如下定义的模板:

$$\boldsymbol{M}^I = \begin{bmatrix} \sqrt{2} & 1 & \sqrt{2} \\ 1 & \times & \cdot \\ \cdot & \cdot & \cdot \end{bmatrix}, \quad \boldsymbol{M}^D = \begin{bmatrix} \cdot & \cdot & \cdot \\ \cdot & \times & 1 \\ \sqrt{2} & 1 & \sqrt{2} \end{bmatrix} \tag{4.20}$$

使用这些模板,可以获得对真实距离的点对点欧氏距离近似。使用对应欧氏距离的模

板可以获得比对应曼哈顿距离的模板更准确的估计结果。图 4.15 给出了使用各个模板得到的结果。

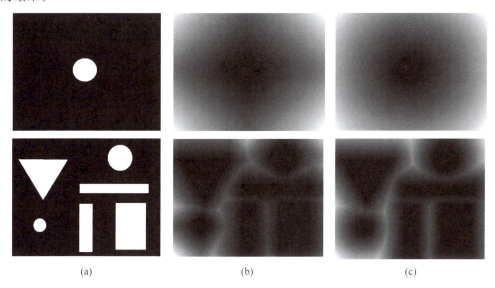

(a)   (b)   (c)

图 4.15   使用斜面算法的距离变换
(a) 原始图像；(b) 使用曼哈顿距离模板的距离变换；(c) 使用欧氏距离模板的距离变换

下面介绍如何使用斜面算法 4.2 计算距离变换。程序 4.8 给出了实现该算法的 MATLAB 代码。

程序 4.8   使用斜面算法计算距离变换的 MATLAB 程序，其中使用曼哈顿模板作为距离函数

```
%%%%%%%%%%%%%%%%%%%%%%%%%%%%%%%%%%%%%%%%%%%%%%%%
% Program to calculate the distance transformation
% of a binary image using the algorithm
% Chamfer
%%%%%%%%%%%%%%%%%%%%%%%%%%%%%%%%%%%%%%%%%%%%%%%%
% Erik Cuevas, Alma Rodríguez
%%%%%%%%%%%%%%%%%%%%%%%%%%%%%%%%%%%%%%%%%%%%%%%%
% Gets the size of the binary image
[m n] = size(Ib);
% The distance matrix D is defined
D = zeros(size(Ib));
% Step 1. Initialization
for re = 1:m
    for co = l = n
        if(Ib(re,co))
            D(re,co) = 0;
        else
            D(re, co) = 300;
        end
    end
end
% The mask MI is defined, considering the
% Manhattan distance
mI1 = 1;
mI2 = 2;
```

```
mI3 = 1;
mI4 = 2;
% Step 2. The image with the mask is processed
% from left to right and from top to bottom.
for re = 2:m
    for co = 2:n - 1
        if(D(re, co) > 0)
            d1 = mI1 + D(re, co - 1);
            d2 = mI2 + D(re - 1, co - 1);
            d3 = mI3 + D(re - 1, co);
            d4 = mI4 + D(re - 1, co + 1);
            Dis = [d1 d2 d3 d4];
            D(re, co) = min(Dis);
        end
    end
end
% The MD mask is defined, considering the
% Manhattan distance
mD1 = 1;
mD2 = 2;
mD3 = 1;
mD4 = 2;
% Step 3. The image with the mask is processed
% right to left and bottom to top.
for re = m - 1: - 1:1
    for co = n - 1: - 1:2
        if(D(re, co) > 0)
            d1 = mD1 + D(re, co + 1);
            d2 = mD2 + D(re + 1, co + 1);
            d3 = mD3 + D(re + 1, co);
            d4 = mD4 + D(re + 1, co - 1);
            Dis = [d1 d2 d3 d4 D(re, co)];
            D(re, co) = min(Dis);
        end
    end
end
% The results are displayed
F = mat2gray(D);
imshow(F)
```

4.4 斜面指标

一旦用斜面解释了距离变换,就可能用它作为二值图像间一个比较指标。斜面指标 $Q(r,s)$ 使用距离变换来确定一幅二值图像和一个二值参考模式之间具有最大相似性的位置。

斜面指标方法所用的相似性准则基于图像块与参考模式之间各个对应像素之间距离值的和。需要计算移动图像块的总距离以发现最大的相似性。

在这种方法中,二值参考模式 $R_b(i,j)$ 在图像 $I_b(r,s)$ 上移动。对在 $R_b(i,j)$ 邻域中的

各个像素,计算与图像 $I_b(r,s)$ 中对应像素的距离和。这种方法可定义如下:

$$Q(x,y) = \frac{1}{K} \sum_{(i,j) \in \mathrm{FG}(R)} D(r+i, s+j) \qquad (4.21)$$

其中,$K = |\mathrm{FG}(R)|$ 对应模式 $R_b(i,j)$ 中包含的值为1的像素的数量。

计算斜面指标 $Q(r,s)$ 的完整过程总结在算法4.3中。如果在位置 (r,s) 处所有模式 $R_b(i,j)$ 中值为1的像素与图像 $I_b(r,s)$ 中所覆盖部分重合,则距离和为0,这代表着两个元素之间的完美相似。若有越多的模式 $R_b(i,j)$ 中值为1的像素没有与图像 $I_b(r,s)$ 的对应性,则距离和的值越大,这将暗示 $I_b(r,s)$ 和 $R_b(i,j)$ 的信息内容有较大区别。最优相似性指标将在 $Q(r,s)$ 最小值的点取得。具体可写成:

$$\boldsymbol{p}_{\mathrm{opt}} = (r_{\mathrm{opt}}, s_{\mathrm{opt}}) = \min[Q(r,s)] \qquad (4.22)$$

算法 4.3　计算斜面指标的算法

```
斜面指标(I_b(r,s), R_b(i,j))
I_b(r,s):维数 an_I × al_I 的二值图像
R_b(i,j):维数 an_R × al_R 的二值参考模式
1. 步骤1:从图像 I_b(r,s) 获取距离变换 D(r,s),见算法4.2
2. 获取值为1的模式 R_b(i,j) 的像素数 K
3. 步骤2:计算斜面指标 Q(r,s) 的值
4. for r←1, 2,..., al_I − al_R do
        for s←1, 2,..., an_I − an_R do
            计算 Q(r,s) 的值
            sumadis=0
            for i←1, 2,..., al_R do
                for j←1, 2,..., an_R do
                    sumadis=sumadis+D(r+i, s+j)
                end
            end
            Q(r,s)=sumadis/K
        end
    end
5. 返回 Q 的值
```

如果将图4.16(a)的二值图像作为一个示例,将图4.16(b)作为参考模式,则斜面指标 $Q(r,s)$ 可用图4.16(c)表示,而图4.16(d)代表 $Q(r,s)$ 的表面。

在图4.16(c)和图4.16(d)中,可以看到对斜面指标的计算给出了平滑变换的相似性指示,显示出了图像 $I_b(r,s)$ 和参考模式 $R_b(i,j)$ 之间有较好相似性的位置。这个指标的一个明显问题是它变化非常平滑,这至少在视觉上阻止了对全局最小的识别。但是如图4.17所示,仅考虑那些最小的点,它们将对应于那些与参考模式具有更好相似性的位置。

与本章其他算法一样,在图4.17中,可以看到最大相似性点表示与参考模式具有相同维数的窗口的左上角点。

用于二值图像比较的斜面指标方法并非一种可以识别各种二值模式的神奇方法,但它在特殊应用的一定限制条件下能很好地工作。该方法在需要识别的模式被放缩、旋转或具有某些类型的失真时会出现问题。

由于斜面指标方法基于具有值为1的像素的距离,其结果对图像中的噪声和随机伪影高度敏感。一种减少该问题的可能解决方法是使用所产生距离的均方根而不是距离的线性

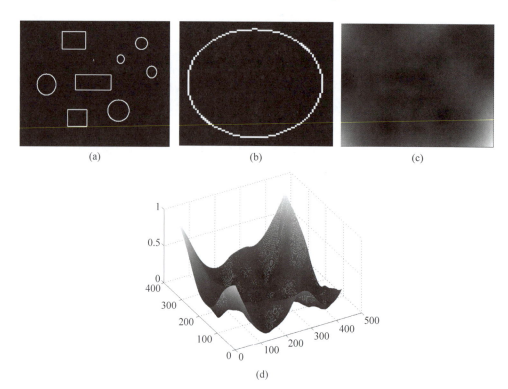

图 4.16 斜面指标的计算

(a) 二值图像；(b) 参考模式；(c) 斜面指标 $Q(r,s)$ 的值；(d) $Q(r,s)$ 表面

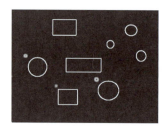

图 4.17 将斜面指标表示为最小值的轮廓

和(见式(4.21))。具体可用下式定义：

$$Q_{\text{rms}}(r,s) = \sqrt{\frac{1}{K} \sum_{(i,j)\in \text{FG}(R)} [D(r+i,s+j)]^2} \tag{4.23}$$

这里介绍如何实现算法 4.3 定义的斜面指标。程序 4.9 给出了实现算法 4.3 的 MATLAB 代码。

程序 4.9 计算斜面指标的 MATLAB 程序

```
%%%%%%%%%%%%%%%%%%%%%%%%%%%%%%%%%%%%%%%%%%%%%%%%%%%%%%
% Program to calculate the Chamfer ratio index
% Q(r,s) from a binary image and a pattern.
%%%%%%%%%%%%%%%%%%%%%%%%%%%%%%%%%%%%%%%%%%%%%%%%%%%%%%
% Erik Cuevas, Alma Rodríguez
%%%%%%%%%%%%%%%%%%%%%%%%%%%%%%%%%%%%%%%%%%%%%%%%%%%%%%
% Get the size of the binary image
```

```
[m n] = size(BW);
% The size of the reference pattern is obtained
[mt nt] = size(T);
% It is obtained the number of ones within
% the reference pattern
[dx dy] = find(T);
[K l] = size(dx);
% Se inicializan variables
suma = 0;
Q = zeros(m - mt, n - nt);
% The entire binary image is processed to calculate
% the Chamfer ratio index Q(r,s)
for re = 1:m - mt
    for co = 1:n - nt
        for re1 = 0:mt - 1
            for co1 = 0:nt - 1
        if(T(1 + re1, 1 + co1))
% D is the distance transformation of BW
        suma = D (re + re1, co + co1) + suma;
        end
        end
        end
        Q(re, co) = suma/K;
% The accumulator value is reset
        suma = 0;
    end
end
% The results are displayed
QR = mat2gray(Q);
imshow(QR);
```

参考文献

[1] Gose E, Johnsonbaugh R, Jost S. *Pattern recognition and image analysis*. CRC Press, 2017.

[2] Jahne B. *Digital image processing: Concepts, algorithms, and scientific applications* (4th ed.). Springer, 2005.

[3] Burger W, Burge M J. *Principles of digital image processing: Advanced methods*. Springer, 2010.

[4] Shih F Y. *Image processing and pattern recognition: Fundamentals and techniques*. John Wiley & Sons, 2010.

[5] Fu K S. Pattern recognition and image processing. *IEEE Transactions on Computers*, 1976, 100(12): 1336-1346.

[6] Ślęzak D, Pal S K, Kang B H, et al. Signal processing, image processing and pattern recognition: International conference, SIP 2009, held as part of the future generation information technology conference, FGIT 2009, Jeju island, Korea, December 10-12, 2009. Proceedings. Springer Berlin Heidelberg, 2009.

[7] Gose E, Johnsonbaugh R, Jost S. *Pattern recognition and image analysis*. Prentice-Hall, Inc, 1996.

[8] Chen C H(Ed.). *Handbook of pattern recognition and computer vision*. World Scientific, 2015.

[9] Jähne B. *Digital image processing: Concepts, algorithms, and scientific applications*. Springer, 2013.

[10] Burger W, Burge M J. *Digital image processing*. Springer, 2016.

视频

第5章

用于分割的均移算法

5.1 引言

分割是计算机视觉中将图像分成独特、不重叠区域的主要步骤之一,其中要考虑一定的相似性准则。一些图像处理方法,如基于内容的检索、目标识别和语义分类,都由所用分割方法的质量决定。但是,从一幅复杂图像中恰当地分割出区域或目标被认为是很难的。近年来,文献中提出了许多分割方案。这些方案可分为基于图的方法[1-3]、基于直方图的方法[4,5]、基于轮廓检测的方法[6]、基于马尔可夫随机场的方法[7]、基于模糊的方法[8,9]、基于阈值化的方法[10,11]、基于纹理的方法[12]、基于聚类的方法[13,14]和基于主分量分析(PCA)的方法[15]。在这些方案中,基于直方图和基于阈值化的方法是计算机视觉中应用最广泛的技术。基于阈值化的方法包括双阈值或多阈值分割。这类算法的操作依赖于需要分割的区域的数量。当图像包含多于两个需要区分的区域时一般使用多阈值技术。依赖于操作机理,多阈值化技术可分成 6 组[9],如基于聚类的方法、基于目标属性的方法、基于直方图的方法、局部方法、空间方法和基于熵的方法。

在基于直方图的方法中,像素分割通过对若干 1-D 直方图特性的分析进行,如峰、曲率、谷等。然而,由于直方图只有 1-D,没有联系像素之间的位置信息,实际性能一般不太好。为增强 1-D 直方图得到的效果,可结合若干像素特征以提供更多的信息。一个例子包括 Abutaleb 提出的基于 2-D 直方图进行阈值分割的技术[16]。在这种方法中,各个像素的强度值与其位置联系起来生成一个 2-D 直方图。从其结果看,很明显这样的方法能给出比基于 1-D 直方图的方法更好的效果。在引进了结合像素特性的概念后,很多方法都利用它提出了新的分割方案[17-21]。

多特征方法,如 2-D 直方图结合了像素强度值和局部像素位置[16,22]。这里每个数据结合了两个元素:像素强度及其位置。在这样的情况下,2-D 直方图对角线上的信息保持了关于均匀区域的重要信息以区分目标和背景。与此不同,对角线外的元素对应边缘、纹理区域或噪声。将像素特性结合起来用于分割,还包括结合像素强度和梯度信息的方法,参见文献[23]。尽管有一些好的结果,但文献[24]证明了在不同的上下文时,这种方法与灰度位置方法相比效果不够满意。另一种多特征方法中也考虑了2-D图[25]。在这种方法中,灰度值和使用非局部滤波器得到的结果进行了结合。尽管所有这些技术给出了有竞争力的结果,它们的高计算成本(CC)是一个缺点。这个问题是必须在复杂搜索空间进行阈值选取的后果。

元启发式计算方案已经广泛应用于人脸经典优化公式中[19,21]。它们是基于神经或社交原理的计算工具,可用来优化公式[26],但具有高度复杂性。元启发式算法已借助不同机理用于分割[17,19-21,27]。这些方法也同样用于基于2-D直方图的多特征分割。例如,差异进化[28]、遗传算法(GA)[29]、粒子群优化(PSO)[30-31]、人工蜂群(ABC)[32]、模拟退火(SA)[33]、燕群优化(SSO)[34]、蚁群优化(ACO)[35]、电磁学优化[36]、随机分形搜索(SFS)[37]和布谷鸟搜索[38]。所有这些方法都有一个关键难点:在操作前要先确定区域数量[25,39]。该缺点在图像种类和主要元素未知时严重限制了它们的使用。考虑了元启发式算法的分割方案在将分割任务与成本函数相关联的优化函数值方面可产生出色的结果。不过,这样的结果并不总反映在视觉质量上[25]。另一个有冲突的方面是它们的高计算成本。

直方图对应于2-D分割方案中生成特征图的最直接方法。当标准的参数模型不合适时,它们尤其有用。在它们的构建中,可用的数据元素在空间分解为不重叠的直方条,而它们的分布由有多少个数据目标落入各个区域来决定。尽管直方图容易操作,但它们有一些关键缺点,如低精度和密度不连续性[40]。

无参数的核密度估计器(KDE)是一种引人关注的构建未知特征图的方法。KDE具有许多引人注意的特性,如可微分性、渐进正则性、连续性,以及具有人们熟知的数学基础[41-42]。不同于直方图方法,KDE方法具有较好的生成特征图的能力,如准确性和平滑性。在KDE的操作下,各个特征的空间聚积性通过使用能估计局部元素的加权累积对称函数(核函数)来计算。为执行KDE方法提出了很多核函数。通常,高斯函数是最广泛应用于KDE方法的模型。另外,叶帕涅奇尼科夫核[43]也是一个引人注意的KDE方法替代模型。当可用元素个数很有限时,这个核可在计算密度图时给出最好的准确性[43]。

均移(MS)代表一个常用于聚类应用的迭代方法[44]。MS的操作分两个步骤[45]。首先,产生特征分布的密度图。这个过程通过应用KDE方法来执行。接下来,借助一个搜索策略,MS检测具有最高聚积(密度)的位置。该位置代表密度图中具有局部最大的元素。

MS可靠和鲁棒的性能使它得以在不同的场合得到应用,如图像分割[46]和图像滤波[47]。为了分割,MS确定将与密度图中相似局部最大值的像素相关联的相似部分。文献中已提出了许多基于MS方案的分割方法。很多例子都涉及文献[48]中介绍的方法,即将基于树的方法结合进MS方案以有效地在红外图像中区分船只。帕克提出了另一个引人注意的建议[49]。在该方法中,通过结合MS和高斯混合来构成分割技术。

不考虑其好的结果,MS有一个关键的缺点:它的计算成本(CC)或计算代价[43,50]。MS在操作中使用所有可用的元素在每个点估计特征图。进一步地,聚类赋值过程是基于梯度方法对特征图中每个点进行的。这些限制使得MS不能用于由多种特性集成的特征图的分割应用,如由2-D直方图描述的方法。因此,MS分割算法仅考虑将灰度值(1-D数据)与其他技术结合使用[43]。

采用1-D和2-D方案的技术,有时不能准确地分割图像中的重要细节。此时,使用更多的像素特性可允许对图像细节的分类,因为结合像素特性的可能性增加了。不过,在密度图中更多特性(维数)的使用会显著增加 MS 方法的计算负担。为此,在 MS 技术中要管理多维特征图以减少计算时间并允许它提高其分割能力。

一种广泛使用的减少计算时间的技术是仅考虑所有可用数据的一个随机元素子集。其背后的想法是:使用很少的、有代表性数量的数据而不是所有信息去检验操作。然后将产生的部分结果外插以包含先前没有用到的信息。在这种情况下,计算成本(CC)的减少由所使用元素的部分与总体可用数据的比值所确定。因此,为了获得较低的 CC,所使用的元素数量要减少,直到方法给出一个相对于完整数据集表现不佳的性能。这种策略已在若干方案中考虑过,如随机采样共识[51]或随机哈夫变换[52]等。

本章将介绍一种基于 MS 方法的强度图像分割方法[44]。这里考虑一个 3-D 密度图,包含图像中各个像素的强度值、非局部均值[53]和局部方差。在 MS 处理中,先生成一个密度图。这个图通过使用一个叶帕涅奇尼科夫核函数来获得[43],这样只需很少的数据就能准确地对密度图建模。然后,将每个特征位置视为初始点,使用梯度下降技术以检测对应聚类中心的局部最大。为减少由于使用 3-D 图导致的 CC,使用已被成功用于避免昂贵计算的 MS 方案[51,52],即仅考虑一组从完整图像数据中随机采样得到的代表性元素[50]。为此,构建两个数据集:操作元素(在 MS 操作中使用的精简数据)和非活动数据(可用数据中剩下的部分)。并且,推广用操作元素获得的结果,以得到包括没有用到的数据[54]。利用这个机理,MS 方法可在不同照明条件下用于分割复杂的区域,如纹理元素和目标。

5.2　核密度估计(KDE)和均移方法

KDE 和聚类之间有一个复杂的结合。KDE 的目标是通过分析点密度来构建数据分布的概率函数,这也可用于分类。KDE 表示一组非参数方案,其中不考虑任何特殊的、对概率密度函数建模的概率方法。相反,KDE 直接对数据集中的每个元素计算其概率密度。

MS[44]是一种通常考虑的聚类计算方法。在其操作中,各个元素 x 包含在记为聚类 C_i 的特征空间中,其中心点 x_i^* 表示密度图的局部最大。相应地,从位置 x 开始,沿着特征图的最高增量的方向直到最近的局部最大密度 x_i^* 以确定一个新位置。MS 的计算过程包括两个步骤。首先,构建密度图。这个过程通过使用 KDE 方案实现。接下来在密度图中以梯度下降为基础,应用搜索过程检测高局部密度点(局部最大)[55]。

密度图生成

非参数 KDE 是最有用的生成未知密度特性图的方法。在 KDE 方案的操作中,对每个位置的密度使用核函数进行估计,而核函数考虑了对接近元素的加权收集。一个核模型 K 刻画为对称、非负的核元素 K,定义如下:

$$K(x) \geqslant 0, \quad K(-x) = K(x), \quad \int K(x)\mathrm{d}x = 1 \tag{5.1}$$

考虑一组 n 个特征 $\{x_1, x_2, \cdots, x_n\}$,可以用 K 来确定密度函数 $\hat{f}(x)$,即

$$\hat{f}(x) = \frac{1}{nh}\sum_{i=1}^{n} K\left(\frac{x-x_i}{h}\right) \tag{5.2}$$

其中,h 对应 K 的支撑区。

最简单的核模型是离散核函数 K_D,它在一个特定位置利用在一个尺寸为 h 的窗中对数据元素的计数来计算相应的密度。K_D 定义为

$$K_D\left(\frac{\boldsymbol{x}-\boldsymbol{x}_i}{h}\right)=\begin{cases}1, & \left(\dfrac{\boldsymbol{x}-\boldsymbol{x}_i}{h}\right)\leqslant h \\ 0, & \text{其他}\end{cases} \quad (5.3)$$

图 5.1 给出了 1-D 数据集上考虑离散核 K_D,并使用若干幅度的 h 值得到的 KDE 图。在这个图中,堆叠高度代表数据集中的频率。如图 5.1(a)所示,如果 h 表示一个小的值,得到的概率密度显示若干局部极大点。反之,当 h 从 0.5 增加到 2 时,模式的数量减少直到 h 足够生成仅有一个模式的分布(单模式)。

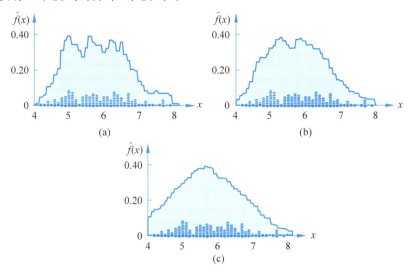

图 5.1 使用离散核 K_D 结合不同 h 值估计得到的概率密度
(a) $h=0.5$;(b) $h=1.0$;(c) $h=2.0$

尽管不同的核模型已用于 KDE 方法中,高斯函数 $K_G(x)$ 代表在 KDE 方法中最广泛使用的核。高斯或正态函数由式(5.4)刻画,而其表达见图 5.2。

$$K_G(x)=\left(\frac{1}{\sqrt{2\pi}}\right)\mathrm{e}^{\left(\frac{-r^2}{2h}\right)} \quad (5.4)$$

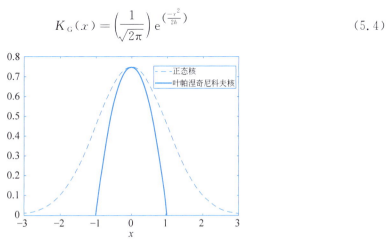

图 5.2 有区别的核函数:正态核 $K_G(x)$ 和叶帕涅奇尼科夫核 $K_E(x)$

另外，叶帕涅奇尼科夫核 $K_E(x)$（见图 5.2）由于其引人注目的特性而成为一种 KDE 中的替换。$K_E(x)$ 定义为

$$K_E(x) = \begin{cases} \dfrac{3}{4}(1-x^2), & |x| \leqslant 1 \\ 0, & \text{其他} \end{cases} \qquad (5.5)$$

一个评估核方案建模准确性的通用方式是评价需建模的密度特征图 $f(\boldsymbol{x})$ 和从确定的核公式中估计到的密度 $\hat{f}(\boldsymbol{x})$ 之间的均方误差（MSE）。这个建模的精确性可使用式（5.6）计算。

$$\text{MSE}[\hat{f}(\boldsymbol{x})] = \frac{1}{n}\sum_{i=1}^{n}[\hat{f}(\boldsymbol{x}_i) - f(\boldsymbol{x}_i)]^2 \qquad (5.6)$$

在这些条件下，叶帕涅奇尼科夫核 $K_E(x)$ 展现出 MSE 指标中最好的表达准确性。这是因为根据文献[40,42]的分析，模型 $K_E(x)$ 给出了一个产生对应式（5.6）的最小 MSE 值的功能解。这种状态甚至在仅有非常有限的可用数据量以计算特征图的密度时也能保持[40]。

一般来说，这个事实是叶帕涅奇尼科夫核 $K_E(x)$ 建模特性的结果。在叶帕涅奇尼科夫核 $K_E(x)$ 中，对在特定点的密度值的计算仅考虑在影响距离 h 范围内的数据元素。其他的核，如高斯函数 $K_G(x)$，由于它们的估计密度值还受到距离 h 范围外的数据元素的影响而丢失了局部准确性。

叶帕涅奇尼科夫核 $K_E(x)$ 可给出最好的估计准确性，但为计算图聚积的元素数量是相当有限的。为说明叶帕涅奇尼科夫核 $K_E(x)$ 的特性，下面给出一个数据建模的示例。考虑一个由 2-D 高斯混合函数 $M(x_1, x_2)$ 生成的初始概率密度函数（PDF）。$M(x_1, x_2)$ 结合了 3 个高斯核（$j = 1, 2, 3$）。假设模型 $N_j(m_j, S_j)$，其中 m 表示它的均值而 S 对应方差。图 5.3(a) 展示的高斯混合模型为 $(x_1, x_2) = (2/3)N_1 + (1/6)N_2 + (1/6)N_3$。根据这样一个 PDF，采样了一个具有 120 个元素的小子集（见图 5.3(b)）。假设只有这 120 个数据，使用核 $K_G(x)$ 和核 $K_E(x)$ 来确定密度图，结果分别如图 5.3(c) 和图 5.3(d) 所示。这些图表明叶帕涅奇尼科夫核 $K_E(x)$ 获得了比正态函数 $K_G(x)$ 要好的结果。从这些图中可清楚地看出，高斯函数产生了许多虚假的局部最大值，且由于它在数据集非常小时难以充分表达密度图而导致了有噪声的 $\hat{f}(x_1, x_2)$ 表面。

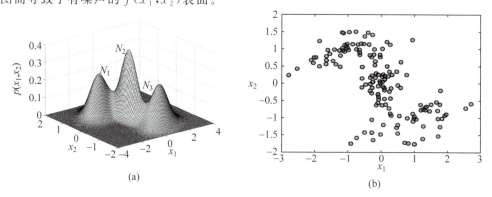

图 5.3 在可用元素较少情况下正态核 $K_G(x)$ 和叶帕涅奇尼科夫核 $K_E(x)$ 的建模特性

(a) 2-D PDF；(b) 从 PDF 获取的 120 特性；(c) 考虑正态函数 $K_G(x)$ 计算出的密度图 $\hat{f}(x_1, x_2)$；(d) 考虑叶帕涅奇尼科夫函数 $K_E(x)$ 计算出的密度图 $\hat{f}(x_1, x_2)$

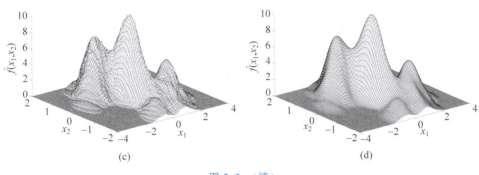

图 5.3 （续）

5.3 密度吸引子点

确定对应数据集的特征图 $\hat{f}(x)$ 的目标是要检测点 x_i^*，而 x_i^* 对应能较好地表达 $\hat{f}(x)$ 建模数据概率分布的聚类中心点。元素 x_i^* 对计算出来的特征图 $\hat{f}(x)$ 中的局部最大点建模。这些点可以通过使用基于梯度技术的优化方法来确定。假设一个数据集 X，包含 d 个点（$X=\{x_1,x_2,\cdots,x_d\}$），随机采样一个元素 $x_j(j\in 1,2,\cdots,d)$。然后，沿梯度 $\nabla\hat{f}(x)$ 的方向根据密度估计一个新位置 x_j^{t+1}。这个过程一直进行到获得最大局部位置 x_i^*。这个程序可用式（5.7）来建模。

$$x_j^{t+1}=x^t+\delta\cdot\nabla\hat{f}(x_j^t) \tag{5.7}$$

其中，t 代表当前操作中的迭代次数，δ 是步长。在 MS 操作中，要在数据 x 处估计相对于密度的梯度，这可通过计算 PDF 的导数来估计，如下所示：

$$\nabla\hat{f}(x)=\frac{\partial}{\partial x}\nabla\hat{f}(x)=\frac{1}{nh}\sum_{i=1}^{n}\frac{\partial}{\partial x}K\left(\frac{x-x_i}{h}\right) \tag{5.8}$$

在式（5.8）中，n 对应数据维数，即 $x=(x_1,x_2,\cdots,x_n)$。借助对数据集 X 中所有 d 个点使用梯度技术，许多元素将被聚积在相同的局部最大位置 x_i^*。然后这些数据将被赋予聚类 C_j。经过这个过程，将得到一个包含 c 个吸引子点 $\{x_1^*,x_2^*,\cdots,x_c^*\}$ 的列表，其中每个点代表一组由 $x_i^*(x_a,\cdots,x_g\in C_j)$ 提取的元素 $X_i=(x_a,\cdots,x_g)$。

图 5.4 给出用梯度方法检测局部最优的表达。在这个图中，给出了 $\hat{f}(x_1,x_2)$ 的等高线。因此，从位置 x_p、x_q 和 x_r 开始，考虑沿密度图 $\hat{f}(x_1,x_2)$ 最大增量的朝向估计新的点。重复进行这个过程，直到发现局部最优点 x_1^*、x_2^* 和 x_3^*。

在 MS 过程中，首先生成密度图。该图通过使用 KDE 方法生成，它能根据数据分布使若干局部峰出现。然后，以各个数据位置为起始点，使用一个梯度下降的技术以检测对应聚类中心的局部最大[56]。根据核函数的特性，密度图呈现出明显的平滑度，各个峰被清晰地分开[56]。在这样的条件下，可以保证梯度下降正确地收敛到局部最优[56,57]。

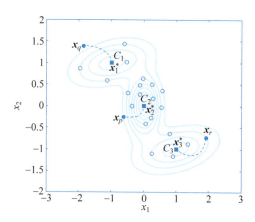

图 5.4　对检测局部最优值的梯度过程的表达

5.4　连续自适应均移分割

在称为 MULTI-SEGM 的 MS 方法中，通过对定义在 3-D 空间的密度图进行分析来执行分割。它涉及图像中各个像素的强度值、非局部均值和局部方差的信息。考虑到 3-D 密度图的内在特征，对各个像素的分类过程通过 MS 方法来实现。

为减少计算量，使用一个像素特性子集（所有可用信息中相当精简数量的元素）来执行 MS 方法。因此，要定义两组数据：操作数据（在 MS 执行中要考虑的数据）和非活动数据（余下的数据）。本章使用叶帕涅奇尼科夫核元素代替高斯函数以计算特征图的密度值。根据 MS 方法的结果，将获得的信息扩展到包括非活动数据。在这个过程中，将每个非活动像素赋予其最接近操作像素所在的组。最后，将包含最少数量元素的聚类与其他邻近的聚类合并。

5.4.1　特征定义

设 $I(x,y)$ 表示一幅 $M \times N$ 图像，对每个空间坐标其灰度值在 $0 \sim 255$ 的范围中。MS 方法在特征空间操作。因此，图像中的各个像素保持 3 个不同的特性 $F(x,y)$，包括强度值 $I(x,y)$，非局部均值 $NL(x,y)$，和局部方差 $V(x,y)$。

对一个给定的像素 (x,y)，非局部均值[53]特性估计图像中与局部均值相联系的所有像素的加权平均值。考虑 $I(x,y)$ 和 $I(p,q)$ 分别为像素位置 (x,y) 和 (p,q) 的对应灰度值，则在位置 (x,y) 的非局部均值 $NL(x,y)$ 可用式(5.9)计算。

$$NL(x,y) = \frac{\sum_{p=1}^{M}\sum_{q=1}^{N} I(p,q) \cdot w[(p,q),(x,y)]}{\sum_{p=1}^{M}\sum_{q=1}^{N} w[(p,q),(x,y)]} \quad (5.9)$$

其中，$w[(p,q),(x,y)]$ 是对应由式(5.10)定义的高斯函数得到的权值：

$$w[(p,q),(x,y)] = e^{-\frac{|\mu(p,q)-\mu(x,y)|^2}{\sigma}} \quad (5.10)$$

其中，σ 表示标准偏差。$\mu(p,q)$ 和 $\mu(x,y)$ 表示在像素位置 (p,q) 和 (x,y) 的 $m \times m$ 的邻域

NE 中的局部均值。这些值可根据式(5.11)来估计：

$$\mu(p,q) = \frac{1}{m \times m} \sum_{(i,j) \in \mathrm{NE}_{(p,q)}} I(i,j), \quad \mu(x,y) = \frac{1}{m \times m} \sum_{(i,j) \in \mathrm{NE}_{(x,y)}} I(i,j) \quad (5.11)$$

另外，$V(x,y)$ 是在位置 (x,y) 的方差幅度，它由一个尺寸为 $h \times h$ 的窗产生。因此，在位置 (x,y) 的特征矢量 $F(x,y)$ 可用式(5.12)所定义的 3-D 结构来表达。

$$F(x,y) = [I(x,y) \quad NL(x,y) \quad V(x,y)] \quad (5.12)$$

在 $F(x,y)$ 中，所有灰度 $I(x,y)$、非局部均值 $NL(x,y)$ 和方差 $V(x,y)$ 的值都归一化到 $[0,1]$ 中。

相邻像素的方差 $V(x,y)$ 代表了一种评价数据散布情况的最简单方法。低的值对应均匀区域；而高的值对应纹理目标。非局部均值 $NL(x,y)$ 特征考虑了灰度值相似像素的均值。通过使用区域而不仅是像素进行比较，像素之间的相似性在有噪声时更加鲁棒。通过使用 $NL(x,y)$，有可能识别一个像素是否属于具有特定强度的均匀区域。因为这个特征减少了区域中可能的噪声内容，所以它的使用提高了鲁棒性。因此，将 3 个特性 $I(x,y)$、$NL(x,y)$ 和 $V(x,y)$ 集合在一起可以确定像素的结合关系，这可以分割如纹理区域或照明不良的分量等复杂元素。

5.4.2 操作数据集

通过 MS 从图像中处理 $M \times N$ 特征的计算成本限制了当每个像素具有若干特性时的应用。为减少该过程的计算负担，MS 通过仅考虑随机元素的一个子集(对应从 $F(x,y)$ 的所有可用元素中提取的非常精简数量的数据)来执行。目的是获得少量相似数据的结果，因为 MS 已经使用完整的数据集进行了操作。为此目的，将特性 F 的整个集合分为两部分：操作数据 O 和非活动数据 $\widetilde{O}$。操作数据 O 的集合包括用于执行 MS 的元素；而非活动数据 $\widetilde{O}$ 的集合对应剩下的可用数据信息。如同已定义的，很明显 $\widetilde{O}$ 代表 F 中 O 的补集。

O 的尺寸 s(随机元素的数量)对分割过程的结果性能起决定性作用。因此所用元素的数量 s 需要减少到使性能退化到与使用完整数据集还可比拟的程度。为了分析这个参数在分割方案中性能的效果，考虑一个敏感度测试。在实验中，测试了 s 的不同值，而其他 MULTI-SEGM 参数固定为常用值。在测试中，s 代表完整数据的百分比，为 1%~100%，以学习 MS 方法的分割结果。用于 O 的数据随机地从完整数据集 F 中选择。为减少统计误差，每个 s 的不同值独立地执行 30 次。结果显示，对高于 5%的比例，CC 按指数规律变大，可以观察到方法的性能有小的增强。从这个实验得到的一个结论是，当元素数量是完整可用数据的 5%时可以得到 O 的最优尺寸 s。

根据上面的结论，为生成集合 O，只需使用 $M \times N$ 数据的 5%。这些数据从 F 中随机采样。集合 O 中包含 3-D 元素 $\{o_1, o_2, \cdots, o_s\}$，其中 $s = \mathrm{int}(0.05 \times M \times N)$，这里 $\mathrm{int}(\cdot)$ 给出了其自变量的整数值。另外，集合 $\widetilde{O} = \{\widetilde{o}_a, \widetilde{o}_b, \cdots, \widetilde{o}_c\}$ 包含来自 $\widetilde{O} = \{a,b,c \in F \mid a,b,c \notin O\}$ 的元素。

5.4.3 MS 算法的操作

1. MS 设置

获得数据集 O 后，将其应用于 MS 算法。在 MS 的操作中，必须配置两个重要的参数：

核支撑范围 h 和步长 δ。由于 MS 方法处理 3-D 解空间 $[I(x,y)\ \ NL(x,y)\ \ V(x,y)]$ 的信息，两个参数都对应 3-D 矢量 h 和 δ（$h=[h_1,h_2,h_3]$，$\delta=[\delta_1,\delta_2,\delta_3]$），其中各个维度 1、2、3 分别对应强度值 $I(x,y)$、非局部均值 $NL(x,y)$、局部方差 $V(x,y)$ 的特征。这些因子通过对集合 O 的分析自动地配置。确定正确配置的研究基于文献[43]中介绍的斯科特规则。在这种方案中，两个元素 h 和 δ 的范围都与数据在 $O=\{o_1,o_2,\cdots,o_s\}$ 中的标准偏差 σ 强关联。每个来自 $o_i \in O = \{o_1,o_2,\cdots,o_s\}$ 的元素可写成 $o_i = \{o_{i,1}, o_{i,2}, o_{i,3}\}$，其中 $o_{i,j}$ 代表第 i 个候选解的第 j 个变量（$j \in 1,2,3$）。因此，对每个维度的标准偏差 σ_j 可用式（5.13）计算。

$$\sigma_j = \sqrt{\frac{1}{s}\sum_{i=1}^{s}(o_{i,j}-\overline{o}_j)^2} \tag{5.13}$$

其中，$\overline{o}_j$ 对应平均值，即 $\overline{o}_j = (1/s)\sum_{i=1}^{s}o_{i,j}$。利用这些值，可将 h 和 δ 如式（5.14）来配置。

$$h_j = 3.5 \cdot \sigma_j \cdot s^{-\left(\frac{1}{3}\right)}, \quad \delta_j = \sqrt{0.5} \cdot \sigma_j \tag{5.14}$$

其中，$j \in 1,2,3$。

2. 结果分析

MS 通过两个子过程实现其操作。首先，仅考虑包含在数据集 O 中的信息以生成特征图。然后，利用密度图确定局部最优。这样就确定了一组 c 个吸引子元素 $\{x_1^*, x_2^*, \cdots, x_c^*\}$ 及针对每个吸引子 x_i^* 的列表数据 $X_i = (o_p, \cdots, o_q)$。该列表包含所有被吸引到各个吸引子点的数据点（$o_p, o_q \in C_i$）。

假设图 5.5(a) 为需要处理的图像。图像的维数是 214×320。考虑这样一幅图像，对每个像素估计特性组 F，包括灰度 $I(x,y)$、非局部均值 $NL(x,y)$ 和方差 $V(x,y)$ 的幅度。然后，从 F 中随机采样一组 3424 个像素（$s=\text{int}(0.05 \cdot 214 \cdot 320)$）以生成操作数据集 O。将 MS 方法用于元素 $O=\{o_1,o_2,\cdots,o_s\}$。MS 对每个特征 $F(x,y)$ 生成一个密度值 $\hat{f}[F(x,y)]$。如此，将有 4-D 数据：3 个元素描述特征空间，1 个描述其密度值。为了可视化这些结果，使用一个极坐标技术[58,59]以将高维数据 $(d_1, \cdots, d_4)$ 映射到 2-D 空间 (u,v) 中。使用这种技术，先将数据归一化使它们在 $-0.5 \sim 0.5$ 的范围中变化。然后，对每个变量 d_i 赋两个不同的角度 θ_i 和 $\overline{\theta}_i$。角度 θ_i 用于 d_i 的正值，角度 $\overline{\theta}_i = \theta_i + \pi$ 用于 d_i 的负值。θ_i 的值依赖于要可视化的变量个数。在 4 个变量的情况下，角度 θ_i 对第 1 个变量为 $\theta_1 = 2 \cdot \pi/8$ 和角度 $\overline{\theta}_i = 2 \cdot \pi/8 + \pi$。类似地，对第 2 个变量有 $\theta_2 = 2 \cdot \theta_1$，对第 3 个变量有 $\theta_3 = 3 \cdot \theta_1$，以此类推。根据这些角度，最终坐标值可用式（5.15）计算。

$$u = \sum_{j=1}^{4}|a_j|\cos(\theta_j) + \sum_{j=1}^{4}|b_j|\cos(\overline{\theta}_j), \quad v = \sum_{j=1}^{4}|a_j|\sin(\theta_j) + \sum_{j=1}^{4}|b_j|\sin(\overline{\theta}_j)$$

$$a_j = \begin{cases} d_j, & d_j \geqslant 0 \\ 0, & \text{其他} \end{cases}, \quad b_j = \begin{cases} d_j, & d_j < 0 \\ 0, & \text{其他} \end{cases}$$

$$\tag{5.15}$$

通过使用这个可视化技术，由 MS 方案得到的结果如图 5.5(b) 所示。它表达了按密度值 $\hat{f}[F(x,y)]$ 的特征分布。根据这个分布，点分解为几个集合。每个集合对应在特征空

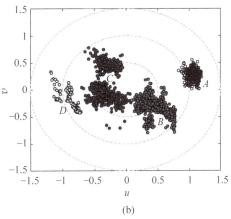

图 5.5 MS 结果的可视表达

(a) 需处理的图像；(b) MS 结果的可视化

间及一定密度值上具有不同相似性的点。在这样的条件下，A 组元素表示图像的黑色像素。因为这些点相当均匀，集合很紧凑，只有小的散布/离差。B 组元素对应灰色像素，而 C 组元素对应白色像素。最后 D 组集中了纹理像素，有较高的方差。很明显，在每个组中仍有密度值的区别。图 5.5 给出了各组与图像部分的联系，从中可以检测到若干局部最大值。使用该 3-D 空间可以获得较好的分割结果，因为可以识别不同的粗细结构并将其引入最终的分割结果。

5.4.4 包含非活动数据

有了 MS 在操作集 O 上的结果，要处理这些结果以加入非活动数据 $\tilde{O}$。在 MS 方法中，要将非活动数据 $\tilde{o}_k \in \tilde{O}$ 赋给最接近操作数据 $o_{ne} \in X_i$ 的聚类，这里 o_{ne} 见式(5.16)：

$$o_{ne} = \underset{1 \leqslant i \leqslant s}{\arg\min}\, d(\tilde{o}_k, o_i), \quad \tilde{o}_k \in \tilde{O}, \quad o_{ne} \in X_i \wedge o_{ne} \in O \tag{5.16}$$

其中，$d(\tilde{o}_k, o_i)$ 代表 $\tilde{o}_k$ 和 o_i 之间的欧氏距离。

一旦将所有非活动数据包含进各个聚类 $C_i (i \in 1,2,\cdots,c)$，所有聚类列表 X_i 由于结合了来自数据集 $\tilde{O}$ 的非活动数据而增加了元素数量。在这样的条件下，新聚类列表 X_i^{New} 将根据下式更新：

$$X_i^{New} = X_i \cup \{\tilde{o}_k \in \tilde{O} \wedge \tilde{o}_k \in C_i\}$$

5.4.5 合并非代表性聚类

执行 MS 后，生成了若干聚类。但它们中有一些在视觉上并不具有代表性。这些聚类从所包含的元素数量看并不显著。因此，通过对它们的组合消除聚类很重要。这里的想法是通过将低密度的聚类与其他具有相似特性的聚类合并以保持视觉信息。目标是保留"足够密"的聚类而将余下的聚类合并。

为确定定义一个有代表性聚类的数据点个数与系统工程中识别拐点可以比拟。拐点位置描述了"正确决策点"，在此一个元素的相对幅度从贡献大小的角度不再有意义。在文献中并没有多少识别拐点位置的方法[60,61]。考虑到简单性,本章采用文献[60]中的方案。在此方法中要生成一个包含 c 个分量的聚类 $\boldsymbol{E}(\boldsymbol{E}=(\boldsymbol{e}_1,\boldsymbol{e}_2,\cdots,\boldsymbol{e}_c))$。每个元素 $\boldsymbol{e}_w=(e_w^x,e_w^y)$ 与聚类信息的联系如式(5.17)所示。

$$e_w^x=\frac{w}{c}, \quad e_w^y=\frac{|\boldsymbol{X}_k^{\text{New}}|}{\sum_{i=1}^c|\boldsymbol{X}_i^{\text{New}}|}, \quad w=f(|\boldsymbol{X}_k^{\text{New}}|), \quad k\in 1,2,\cdots,c \tag{5.17}$$

其中,$|\boldsymbol{X}_k^{\text{New}}|$ 代表聚类 C_k 中的数据个数;$f(|\boldsymbol{X}_k^{\text{New}}|)$ 代表一个根据元素个数计算 $|\boldsymbol{X}_k^{\text{New}}|$ 排序的函数。根据这一表述,当组 C_{high} 表示最高数量的数据时,将给出值 $1(f(|\boldsymbol{X}_k^{\text{New}}|)=1)$。类似地,最大指标($f(|\boldsymbol{X}_k^{\text{New}}|)=c$)赋给聚类 C_{low},它包含最少数量的元素(其中 $\text{high},\text{low}\in 1,2,\cdots,c$)。$\boldsymbol{e}_w$ 表达的信息对应组密度的元素分布。在这样的条件下,元素 $\boldsymbol{e}_1$ 代表具有最高密度级别的聚类,而元素 $\boldsymbol{e}_c$ 代表具有最低密度级别的聚类(见图 5.6(a))。

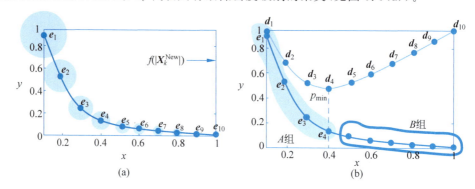

图 5.6 拐点位置估计
(a) 各聚类元素($\boldsymbol{e}_1,\boldsymbol{e}_2,\cdots,\boldsymbol{e}_c$)的密度;(b) 分为相关($A$)和不相关($B$)的聚类

假设 $\boldsymbol{e}_w(w\in 1,2,\cdots,c)$,定义一个目标函数 $\boldsymbol{d}_w=(d_w^x,d_w^y)$。该函数联系了增量 e_w^y 与贡献 e_w^x 的显著性。$\boldsymbol{d}_w$ 可以用式(5.18)来估计。

$$d_w^x=e_w^x, \quad d_w^y=e_w^y+e_w^x \tag{5.18}$$

d_w^y 的一个重要特性是它仅保持一个全局最优 $p_{\min}$。这个最小值代表拐点位置,如下所示(见图 5.6):

$$p_{\min}=\underset{0\leqslant w\leqslant c}{\arg\min}d_w^y \tag{5.19}$$

重要的是要观察到,在 e_w^x 和 e_w^y 中公式化的元素排名和数量之间存在校正。这个校正也能从元素 d_w^x 和 d_w^y 的目标函数中看到。这是因为在这样的公式化中,想法是关联一个序的增量与元素数量。借助这个关联,可以检测出点 $p_{\min}$ 代表在聚类排序中一个增量大于元素数量变化的位置。$p_{\min}$ 将所有由 MS 产生的组分成两个集合:相关的组(A)、不相关组(B)(见图 5.6(b))。相关的组涉及包含最大数量像素特性的聚类。因此,它们保留了分割后图像中有代表性的视觉信息。不相关组必须要与其他相近的聚类合并,因为它们的元素太少而不能被认为是有意义的。在这样的条件下,聚类 $C_a,\cdots,C_d$ 只有在它们是组 A 的一部分时才是有代表性的($C_a,\cdots,C_d\in$ 组 A)。类似地,聚类 $C_q,\cdots,C_t$ 在它们是组 B 的一部分时是不相关的($C_q,\cdots,C_t\in$ 组 B)。有代表性的聚类在不相关聚类合并后仍能保留。

合并过程的想法是聚合视觉上不相关的聚类 C_v(它包含如此少的元素)与根据其元素数量有代表性的聚类 C_z。这个聚合只有当聚类 C_v 和 C_z 保持相似的特性时才可能出现。

两个聚类的相似性依赖于它们对应聚类中心间的距离 $x_v^* - x_z^*$。在这个合并过程中,每个不相关聚类 $C_v(v \in $ 组 $B)$ 的元素与有代表性的聚类 $C_z(z \in $ 组 $A)$ 的元素结合,因此它们相应的中心间距离 $x_v^* - x_z^*$ 的长度在考虑所有具有代表性的聚类时是最小的。结果就是聚类 C_z 吸收了 C_v 的元素($C_z = C_z \bigcup C_v$)。因此,组 A 合并后的聚类表示最终的聚类信息。为表达最终的分割结果,所有 C_q 的元素都设计为用[1] x_q^* 指示的灰度值。这里聚类中心有 3 个维度,其中一个维度是强度特征[1] x_q^*,其他两个维度是非局部均值[2] x_q^* 和方差特征[3] x_q^*。

5.4.6 计算过程

MS 分割方案被设想为一个执行若干步骤的迭代过程。在算法 5.1 中,这些步骤定义为伪码。MS 方法采用一幅维数 $M \times N$ 的图像作为输入(第 1 行)。在第 1 个步骤(第 2 行),借助 1 个 3×3 的窗口对每个像素 (x,y) 计算局部方差 $V(x,y)$。然后,对每个像素 (x,y) 计算非局部均值 $NL(x,y)$(第 3 行)。接下来,通过结合所有特征(第 4 行),强度、局部方差、非局部均值,产生 3-D 特征空间 $F(x,y) = [I(x,y) \quad NL(x,y) \quad V(x,y)]$。在下一个步骤,通过采样 F 的不同特征点生成缩减的组 O(第 6 行)。之后,生成两个组 O 和 $\tilde{O}$。利用组 O,估计数据 O 的 3-D 标准偏差 σ_1、σ_2 和 σ_3(第 7 行)。考虑所有标准偏差 σ_1、σ_2 和 σ_3,对 MS 方法估计配置元素 h_1、h_2、h_3、δ_1、δ_2 和 δ_3(第 8 行)。再后,使用 MS(第 9 行)。一旦在数据集 O 上执行了 MS 方案,对每个聚类中心 x_i^*,能获得一组 c 个聚类中心 $\{x_1^*, x_2^*, \cdots, x_c^*\}$ 和一个数据列表 $X_i = (o_a, o_b, \cdots, o_g)$,其中对各个聚类都定义了所有像素特征 $(o_a, o_b, \cdots, o_g \in C_i)$。

算法 5.1 均移 MULTI-SEGM 的计算程序

```
1.  输入:M×N 的 I(x,y)
2.  V(x,y) ← Variance(I(x,y));
3.  NL(x,y) ← Nonlocalmeans(I(x,y));
4.  F(x,y) ← FeatureSpace;
    (I(x,y), V(x,y), NL(x,y))
5.  o ← int(0.05 · M×N)
6.  [O, Õ] ← OperativeDataSet(o);
7.  [σ₁, σ₂, σ₃] ← StandardDeviation(U);
8.  [h₁, h₂, h₃, δ₁, δ₂, δ₃] ← MSParameters(σ₁, σ₂, σ₃);
9.  [(x₁*,...,x_c*), {X₁,...,X_c}] ← ExecuteMS(U, h₁, h₂, h₃, δ₁, δ₂, δ₃);
10. for 每个 õ_k ∈ Õ,
11.    o_a = arg min_{1≤j≤o} d(õ_k, o_j), o_a ∈ X_i ∧ o_a ∈ O
12.    If o_a ∈ X_i then õ_k ∈ C_i
13.    X_i^New ← X_i ∪ {õ_k}
14. end for
15. f ← CostFunction(X₁^New,...,X_c^Nec);
16. v_min ← KneePoint(f);
17. [组 A, 组 B] ← ClassifyClusters(v_min, X₁^New,...X_c^New);
18. for 每个 C_j ∈ 组 B,
```

19. $C_a = \arg\min\limits_{C_w \in 组 A} d(\pmb{x}_j^*, \pmb{x}_w^*), C_a \in 组 A$，
20. $C_a \leftarrow C_a \cup C_j$
21. **end for**
22. 输出：$\{C_q, C_r, \ldots, C_t\} \in 组 A$

根据 MS 的聚类结果，可以处理它的部分结果以包含 $\widetilde{\pmb{O}}$ 的非活动数据（第 10～14 行）。在这个过程中，对各个非活动数据 $\widetilde{o}_k \in \widetilde{\pmb{O}}$，将其赋予最接近操作数据 $\pmb{o}_a$ 的聚类 C_i。然后，定义一个目标函数 f，它考虑数据数量的增加及其重要性（第 15 行）。从包含的信息中，确定拐点位置 $v_{\min}$（第 16 行）。知道了 $v_{\min}$ 的值，将所有聚类元素分成（第 17 行）两个组：有代表性元素（组 A）和不相关元素（组 B）。然后在合并过程中（第 18～21 行），将每个聚类 C_j（$j \in 组 B$）的像素特征与组 C_a（$a \in 组 A$）的像素特征相结合，其中，C_a 表示组 A 中与聚类中心 $\pmb{x}_j^* - \pmb{x}_a^*$ 具有最小可能距离长度的元素。类似地，C_a 的像素特性将也包括 C_j 的像素特征（$C_a = C_a \cup C_j$）。最后，方案的输出是组 A 最后存储的聚类元素。图 5.7 给出了综合 MS 方法的计算过程的流程图。这个流程图也将各个计算步骤与算法 5.1 的对应行联系起来。

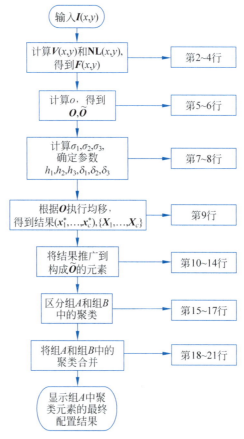

图 5.7 总结均移方法计算过程的流程图

5.5 分割过程的结果

5.5.1 实验设置

为确定 MS 分割方法的有效性,使用了 Berkeley 分割数据集和基准(BSDS300)[62]。每幅图像有其由人类专家提供的真值。数据集中所有图像具有相同的尺寸(481×321)。

在实验测试中,对 Berkeley 数据集中的 300 幅图像执行 MULTI-SEGM 算法,将其结果与由 PSO[30]、CS[38]、SFS[37]和快速鲁棒的模糊 C-均值聚类算法(FCM)[8]生成的结果相比较。前 3 个方案代表最常用的基于元启发式原理的分割方法。另外,FCM 算法是一种最先进的用于分割的聚类方法。根据文献,当面对复杂的分割问题时,它可给出最准确的结果之一[8,37]。在比较中对每种方法的配置遵循它提出的指导原则,实验结果显示它们获得文献给出的最好性能。实验使用具有 8GB RAM 的 6GHz 的 PC i7 在 MATLAB 平台上进行。用于比较的每个分割方案的代码从作者那里收集且可公开得到。在测试中,各种算法独立执行,并记录下对应的结果。

5.5.2 性能指标

为评价本研究中所用技术的性能,考虑了 9 个不同的指标:平均差(AD)、特征相似性指标测度(FSIM)、最大差(MD)、归一化相关(NK)、均方误差(MSE)、归一化的绝对误差(NAE)、结构内容(SC)、结构相似性指标测度(SSIM)和峰值信噪比(PSNR),另外,还考虑了计算成本(CC)。前 9 个性能指标评价分割结果的质量,而 CC 为计算成本。这些性能指标使用各幅图像 I 的真值 R(参考)来评价 Berkeley 数据集的图像分割的质量。

为确定 AD,计算了分割图像 I 和它的参考图像 R 的 AD,这样来评估图像之间的相似情况。AD 可借助式(5.20)计算。

$$\mathrm{AD} = \frac{1}{MN}\sum_{i=1}^{M}\sum_{j=1}^{N} I(i,j) - R(i,j) \tag{5.20}$$

FSIM 描述一个基于感知的测度,它使用一个考虑了相位一致性(PC)和梯度元素(GM)的局部结构来比较分割图像 I 和它的参考图像 R。图像之间的局部相似度 $S_{\mathrm{PC}}(I,R)$ 用式(5.21)计算。

$$S_{\mathrm{PC}} = \frac{2 \cdot I \cdot R + T_1}{I^2 \cdot R^2 + T_1} \tag{5.21}$$

其中,T_1 是一个小的正常数(常用 0.01)。

梯度元素通过对结果图像 I 和相应的参考图像 R 的卷积模板来估计,分别确定 **GI** 和 **GR**。由此,可用式(5.22)确定一个梯度图。

$$S_{\mathrm{GM}}(\mathbf{GI},\mathbf{GR}) = \frac{2 \cdot \mathbf{GI} \cdot \mathbf{GR} + T_1}{\mathbf{GI}^2 \cdot \mathbf{GR}^2 + T_1} \tag{5.22}$$

一旦计算出了 S_{PC} 和 S_{GM},就可使用式(5.23)确定 FSIM。

$$\mathrm{FSIM} = \frac{\sum_{j=1}^{2} S_{\mathrm{PC}} \cdot S_{\mathrm{GM}} \cdot I_j}{\mathbf{GI}^2 \cdot \mathbf{GR}^2 + T_1} \tag{5.23}$$

为了确定 MD，使用式(5.24)计算结果图像 I 和相应参考图像 R 的最大差。

$$\mathrm{MD} = \max_{\forall i,j \in M \times N} |I(i,j) - R(i,j)| \tag{5.24}$$

MSE 用来确定分割的图像 I 与它的参考图像 R 的密切关系，它从图像 I 的像素强度减去图像 R 的像素强度并确定误差平方和的平均值。对它的计算见式(5.25)。

$$\mathrm{MSE} = \frac{1}{MN} \sum_{i=1}^{M} \sum_{j=1}^{N} [I(i,j) - R(i,j)]^2 \tag{5.25}$$

NAE 通过计算归一化绝对误差来确定分割的图像 I 与其参考图像 R 的密切关系，见式(5.26)。

$$\mathrm{NAE} = \frac{\sum_{i=1}^{M} \sum_{j=1}^{N} |I(i,j) - R(i,j)|}{\sum_{i=1}^{M} \sum_{j=1}^{N} R(i,j)} \tag{5.26}$$

NK 计算分割的图像 I 与其参考图像 R 的相关来确定相似性。NK 可用式(5.27)来估计。

$$\mathrm{NK} = \frac{\sum_{i=1}^{M} \sum_{j=1}^{N} I(i,j) \cdot R(i,j)}{\sum_{i=1}^{M} \sum_{j=1}^{N} R(i,j)} \tag{5.27}$$

SC 使用自相关计算以评价相似性。它可用式(5.28)来计算。

$$\mathrm{SC} = \frac{\sum_{i=1}^{M} \sum_{j=1}^{N} I(i,j)^2}{\sum_{i=1}^{M} \sum_{j=1}^{N} R(i,j)^2} \tag{5.28}$$

SSIM 使用分割的图像 I 与其参考图像 R 来确定图像之间的相似性。考虑图像 $I = \{p_1, p_2, \cdots, p_{M \times N}\}$ 包含一系列结果像素，$R = \{r_1, r_2, \cdots, r_{M \times N}\}$ 代表了参考信息，可用式(5.29)来确定 SSIM。

$$\mathrm{SSIM} = \frac{(2\mu_I \mu_R + Q_1)(2\sigma_{IR} + Q_2)}{(\mu_I^2 + \mu_R^2 + Q_1)(\sigma_I^2 + \sigma_R^2 + Q_2)} \tag{5.29}$$

其中，Q_1 和 Q_2 是两个小的正常数(常用 0.01)；μ_I 和 μ_R 分别是图像 I 和 R 的均值；σ_I 和 σ_R 分别是图像 I 和 R 的方差。因子 σ_{IR} 表示分割数据和参考数据的协方差。

PSNR 描述了图像的最高可能像素值 MAXI 及其与 PSNR 幅度的相应相似性。对它的计算见式(5.30)。

$$\mathrm{PSNR} = 20 \log_{10} \left(\frac{\mathrm{MAXI}}{\mathrm{RMSE}} \right) \tag{5.30}$$

在这个实验中比较的分割方案对应具有若干随机过程的复杂方法。因此，很难从确定的视角进行一个复杂的测试。在这样的条件下，将 CC 用来评价计算成本。它表示在各种算法执行操作时所用的时间(s)。

5.5.3 比较结果

本小节介绍对使用 Berkeley 数据集中 300 幅图像采用不同分割技术的性能比较。主要目的是确定用于分割过程的各种方法的效率、有效性、准确性。表 5.1 给出了对来自 BSDS300 的 300 幅图像应每个测试指标上的平均值。对 PSO、CS 和 SFS 使用了要分割的类数量(固定为 4 级)作为输入参数。考虑这个类数是为了保持与这些方法在它们相应参考文献中结果的兼容性。

表 5.1 用均移 MULTI-SEGM 和其他方法应用于 Berkeley 数据集得到的数值

指标	PSO[30]	CS[38]	SFS[37]	FCM[8]	MULTI-SEGM
AD	53.9787	37.7108	35.3580	28.7443	**19.81472**
FSIM	0.6018	0.7384	0.7428	0.7768	**0.897327**
MD	164.1800	120.2167	121.4111	99.4666	**85.41111**
MSE	4676.7929	2349.1717	1618.4826	1674.9082	**879.4047**
NAE	0.5064	0.3696	0.3229	0.2903	**0.19051**
NK	0.5101	0.6695	0.7376	0.7763	**0.835441**
SC	8.8565	3.0865	2.1251	2.5788	**1.445604**
SSIM	0.5013	0.5796	0.5767	0.663251	**0.801375**
PSNR	12.3124	15.5141	15.9359	17.8561	**20.25181**
CC	**40.241**	80.914	97.142	85.241	50.7841

对指标 AD、FSIM、MD、MSE、NAE、NK、SC、SSIM、PSNR 和 CC 数值的平均结果(来自 Berkeley 的 BSDS300 数据集的 300 幅图像)记录在表 5.1 中。小的值对除 FSIM、NK、SSIM 和 PSNR 以外的指标表示较好的性能,对上述 4 个指标则表示相反的意思。根据表 5.1,评价结构数量(如分割图像的边缘信息)的 FSIM 和 SSIM 指标表明 MS MULTI-SEGM 方法在保留相关信息和真值中的显著结构方面表现出最好的性能,适合特征相关的处理任务。如从表 5.1 看到的,MULTI-SEGM 方法获得了最小 MSE 的元素。小 MSE 值也确定了分割图像的最小失真或误差。表 5.1 的结果显示来自 MS 方案的 PSNR 值相对较高,它评价的是分割图像在有噪声内容时的质量。从这些结果还注意到 MS 方法保持了与其他分割技术相比最小的 CC 之一。事实上,保持最差性能结果的 PSO 方法是唯一一种在 CC 指标上超过 MULTI-SEGM 算法的。FCM 在最优性能指标中占据第 2 位,而 PSO、CS 和 SFS 给出了很差的结果。

为研究视觉分割输出的细节,用一组 10 幅有代表性的来自 Berkeley 数据集的图像 $I_1 \sim I_{10}$ 来展示它们的感知效果和数字结果。根据若干文献[8,37]中的报道,选择的这些图像代表一些特殊的复杂的情况。图 5.8 给出了 5 个对比的分割方案的可视结果。它们用伪彩色表示,目的是方便地对比分割结果。

仔细检查图 5.8,可发现 MULTI-SEGM 方法与其他方法相比保持了较好的感知性。在所有图像中,甚至纹理元素也被清楚地分割了,而其他方法不能整合这种结构。这个引人注目的性能是其分割机理的结果,其中包括使用不同的像素特性。它表明有着不良照明的纹理元素或分量可以作为均匀区域来分割。尽管 MS 方法有较好的结果,但在有些情况下当小聚类的元素被赋予其他大聚类时会产生伪影结果。这种情况发生是由于它们中心的距离比较大(甚至在该距离是有代表性聚类中发现的最小值)。这个问题可通过考虑一个允许的阈值以判断是加入不相关聚类还是与有代表性聚类合并更好。

表 5.2 展示了所有方法对图 5.8 的图像 $I_1 \sim I_{10}$ 得到的性能结果。表 5.2 给出了指标 AD、FSIM、MD、MSE、NAE、NK、SC、SSIM、PSNR 和 CC 的性能。很明显,MS 方法比其他分割方案表达了更好的性能指标。一般来说,CS、PSO 和 SFS 表达了不良的分割结果。如果只执行它们一次,那么得到次优解的概率比较高。由此得到结论,这些方法常产生不一致的性能值。FCM 方法在多权指标上给出了与 MS MULTI-SEGM 方法有竞争力的性能,但它比 MS 的分割结果还差一些。根据表 5.2,除了 PSO 外,MS 方法给出了比其他分割技术更低的 CC。因此可以说,MS MULTI-SEGM 给出了一个准确性和速度之间最好的平衡。

彩图

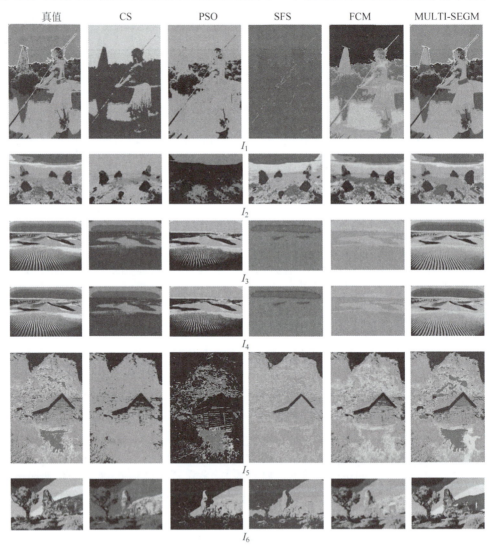

图 5.8　对 Berkeley 数据集的一组 10 幅有代表性图像分割的视觉结果

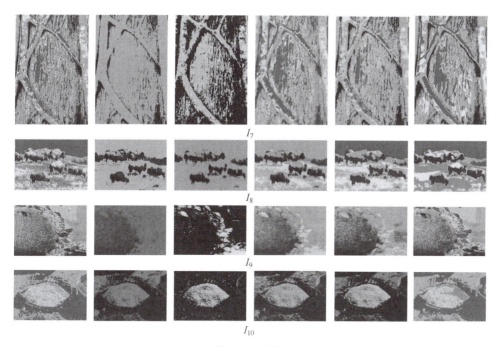

图 5.8 （续）

表 5.2 使用 Berkeley 数据集对均移 MULTI-SEGM 和其他对照方案的性能比较

	指标	PSO[30]	CS[38]	SFS[37]	FCM[8]	MULTI-SEGM
I_1	AD	109.2140	57.9052	44.9050	151.6406	**8.4597**
	FSIM	0.5804	0.7772	0.7148	0.4741	**0.9103**
	MD	200.5032	110.4832	97.1245	254.0065	**66.0021**
	MSE	17165.6436	5025.9486	2764.7810	28421.9763	**545.7747**
	NAE	0.7028	0.3726	0.2890	0.9934	**0.0544**
	NK	0.2664	0.6504	0.7354	0.0053	**0.9808**
	SC	53.8108	2.4775	1.7713	28726.4436	**1.0201**
	SSIM	0.4000	0.7138	0.7586	0.0272	**0.8828**
	PSNR	6.1438	11.8081	13.7183	3.5942	**20.7606**
	时间/秒	**5.0086**	10.0403	12.1809	12.4187	8.2478
I_2	AD	88.3786	42.5721	59.6924	137.9333	**12.4083**
	FSIM	0.5307	0.7389	0.6161	0.2633	**0.9620**
	MD	165.5432	97.2402	128.7423	252.0043	**41.8432**
	MSE	11693.4893	2961.4524	5640.3795	23172.4209	**273.7272**
	NAE	0.6350	0.3058	0.4289	0.9928	**0.0891**
	NK	0.3772	0.7233	0.5377	0.0059	**0.9455**
	SC	71.0494	1.8593	3.3783	23449.2875	**1.1076**
	SSIM	0.3837	0.7067	0.6410	0.0428	**0.9295**
	PSNR	8.4566	14.0445	10.7165	4.4810	**23.7576**
	时间/秒	**3.0068**	8.0403	12.1758	10.4060	6.8745

续表

	指标	PSO[30]	CS[38]	SFS[37]	FCM[8]	MULTI-SEGM
I_3	AD	114.1978	59.7571	65.4828	95.2079	**15.7640**
	FSIM	0.3152	0.5734	0.4422	0.3679	**0.9189**
	MD	192.1421	116.8287	130.4874	199.0003	**73.453**
	MSE	15707.2057	5350.9629	5785.1013	10001.5943	**428.9536**
	NAE	0.7197	0.3766	0.4126	0.9896	**0.0993**
	NK	0.2612	0.6266	0.5930	0.0094	**0.9185**
	SC	73.0320	3.2150	2.5343	10193.0099	**1.1727**
	SSIM	0.2748	0.6001	0.4898	0.0403	**0.9369**
	PSNR	6.3843	11.8328	10.5828	8.1301	**21.8067**
	时间/秒	**8.1067**	10.0408	12.2141	14.4352	8.2140
I_4	AD	62.9813	38.7173	59.7860	90.4985	**13.3854**
	FSIM	0.4645	0.6791	0.4424	0.1551	**0.9503**
	MD	142.1232	97.7131	128.0273	251.0075	**45.3411**
	MSE	5586.9083	2353.0781	4984.1839	10976.4842	**271.5822**
	NAE	0.6873	0.4225	0.6525	0.9890	**0.1460**
	NK	0.3858	0.6214	0.4010	0.0082	**0.8666**
	SC	18.8802	2.3820	19.3240	11158.4812	**1.3175**
	SSIM	0.2713	0.5837	0.3382	0.0403	**0.9421**
	PSNR	11.0376	15.0881	11.5842	7.7261	**23.7917**
	时间/秒	**50.0117**	80.0432	92.2719	90.4092	60.1214
I_5	AD	92.6520	54.323	90.2585	131.8132	**14.8896**
	FSIM	0.3862	0.5980	0.3158	0.2439	**0.9196**
	MD	161.532	105.4603	160.3254	252.0042	**45.4362**
	MSE	11057.8288	4658.77043	9845.4869	19390.4201	**391.0404**
	NAE	0.6866	0.4025	0.6688	0.9924	**0.1103**
	NK	0.3093	0.6036	0.3028	0.0067	**0.9171**
	SC	52.4815	9.6221	9.9771	19655.0466	**1.1711**
	SSIM	0.2901	0.5527	0.3065	0.0211	**0.9007**
	PSNR	8.4812	12.9948	8.1986	5.2549	**22.2085**
	时间/秒	**40.0072**	60.0406	72.2329	70.4065	43.8803
I_6	AD	65.9056	37.6423	56.9144	84.4490	**13.3444**
	FSIM	0.4671	0.6843	0.3547	0.3329	**0.9255**
	MD	139.1443	87.7211	141.3624	242.0056	**43.4502**
	MSE	6020.7029	2263.8257	4830.7467	8521.8858	**401.4386**
	NAE	0.6620	0.3781	0.5716	0.9882	**0.1340**
	NK	0.3440	0.6344	0.3690	0.0098	**0.9232**
	SC	18.1249	13.8198	6.3304	8691.7839	**1.1346**
	SSIM	0.3680	0.6746	0.4827	0.0601	**0.8592**
	PSNR	10.7244	15.6053	11.2911	8.8254	**22.0946**
	时间/秒	**30.0069**	50.0423	52.1711	60.4281	40.9397

续表

	指标	PSO[30]	CS[38]	SFS[37]	FCM[8]	MULTI-SEGM
I_7	AD	96.9601	48.7846	73.1438	139.3231	**12.7739**
	FSIM	0.2842	0.6137	0.3589	0.2047	**0.9300**
	MD	184.7211	103.3843	139.8854	254.0004	**57.9854**
	MSE	11826.5581	3701.8548	6961.6917	21955.6771	**322.1725**
	NAE	0.7025	0.3534	0.5299	0.9928	**0.0925**
	NK	0.2837	0.6605	0.4601	0.0063	**0.9221**
	SC	30.8859	2.5287	4.0044	22235.3235	**1.1633**
	SSIM	0.2203	0.5978	0.3351	0.0132	**0.9292**
	PSNR	7.7228	13.5053	9.7059	4.7153	**23.0499**
	时间/秒	**60.0067**	90.0411	92.2263	94.4126	71.0114
I_8	AD	86.1559	48.4538	72.5667	144.6709	**12.1357**
	FSIM	0.5345	0.6979	0.5461	0.3053	**0.8953**
	MD	155.8320	96.2760	132.8652	252.0022	**52.5643**
	MSE	11447.1057	3791.5835	7630.5619	25058.1594	**316.6351**
	NAE	0.5802	0.3263	0.4887	0.9931	**0.1126**
	NK	0.4271	0.6935	0.5795	0.0057	**0.9200**
	SC	44.9829	2.3527	2.2022	25348.5012	**1.1567**
	SSIM	0.4163	0.6854	0.4703	0.0329	**0.8829**
	PSNR	8.9165	13.2983	9.3058	4.1413	**23.1252**
	时间/秒	**8.0068**	12.0411	14.1637	13.4163	10.9410
I_9	AD	68.3427	40.4627	60.2085	89.2966	**9.6449**
	FSIM	0.4029	0.6488	0.2856	0.2517	**0.9284**
	MD	149.2432	94.8812	160.3654	249.4975	**35.6534**
	MSE	6098.1390	2528.9509	4949.8706	9348.8253	**196.0710**
	NAE	0.7205	0.4266	0.6347	0.9889	**0.1016**
	NK	0.3004	0.5990	0.3183	0.0094	**0.9213**
	SC	28.8975	54.1237	8.6147	9528.4186	**1.1605**
	SSIM	0.2647	0.5886	0.3723	0.0405	**0.93211**
	PSNR	10.5873	15.1627	60.2085	8.4232	**25.2066**
	时间/秒	7.0067	15.0412	17.1686	16.4132	10.8274
I_{10}	AD	36.1076	26.4838	42.8133	55.7475	**11.6531**
	FSIM	0.6268	0.7557	0.7952	0.2464	**0.9508**
	MD	105.82	81.04	166.38	251.00	**34**
	MSE	2573.3881	1411.6807	4503.5444	6144.8574	**210.6904**
	NAE	0.6633	0.4865	0.7865	0.9823	**0.2140**
	NK	0.4615	0.6018	0.1123	0.0090	**0.9033**
	SC	5.6639	115.6884	22.8523	6257.5956	**1.1846**
	SSIM	0.4405	0.6285	0.4103	0.2443	**0.8145**
	PSNR	14.4542	17.2941	11.5977	10.2456	**24.8943**
	时间/秒	**20.0068**	40.0404	42.1896	50.4229	30.8358

分析表 5.1 和表 5.2 之后可以发现 MS MULTI-SEGM 方案给出了所考虑算法中的最好平均值。结果表明,它在指标 AD、FSIM、MD、MSE、NAE、NK、SC、SSIM 和 PSNR 上给

出了最优值。指标 CS 和 SFS 在大多数性能指标上排名第 2,而 PSO 和 FCM 给出的结果最差。根据 CC,很明显 PSO 方案是获得分割图像的最快方法,而 MULTI-SEGM 是次优性能的方法。另外,SFS、CS 和 FCM 技术获得了最高的 CC 值。对 SFS 和 CS,过度使用计算时间的主要原因是为获得有竞争力的结果需要大量必需的迭代。在这些方法中,在收敛前需要大量的函数评估。类似地,FCM 方法由于需要大量操作以分解其分割过程而消耗了可观的时间。

根据表 5.1 和表 5.2,尽管 PSO 具有一个较小的计算负担,但它的性能用指标 AD、FSIM、MD、MSE、NAE、NK、SC、SSIM、PSNR 来衡量是最差的。在这样的条件下,可以说 MS 方法提供了质量和速度之间最好的平衡。除了定量的评价,定性分析也是评价分割方案性能并做出一致结论的重要部分。定性分析的目的是评价视觉质量以及考虑由于所用算法操作不当,结果中存在恼人的失真或其他的伪影。分析图 5.8,MS 方案一般在噪声和纹理目标的情况下都能有效地分割图像。

MS 方法引人注目的结果要归于 3 个重要的因素。第 1 个因素是使用了小的数据集进行操作而不是完整的数据集。这个机理允许缩减分割过程而不降低其结果的质量。后果是可以通过投入少量的时间(否则需计算完整数据集)获得很好的分割质量。第 2 个因素是使用 MS 算法和叶帕涅奇尼科夫核函数。将它们结合进来,可以从复杂的数据分布获得一致的聚类信息。在这样的条件下,可以组合困难的像素数据,如纹理区域或噪声地区。第 3 个因素是混合具有最少数量元素的聚类。在这样的操作中,噪声像素可以加到它们实际属于的目标上。因而,分割结果有较好的能力去包含由噪声污染导致的不精确信息。尽管有引人注目的结果,MULTI-SEGM 方案还有其不足。这个缺点源于其过程的复杂性。与其他考虑简单直方图计算的方案相比,MULTI-SEGM 中的操作理解起来比较困难。这个问题可能限制从业者和应用工程师的使用。不过,它的分割结果值得使用这些机理,尤其当该方法用于分割需要复杂聚类场景的图像时。

参考文献

[1] Shi J,Malik J. Normalized cuts and image segmentation. *IEEE Transactions on Pattern Analysis and Machine Intelligence*,2002,22:888-905.

[2] Tian Y,Li J,Yu S,et al. Learning complementary saliency priors for foreground object segmentation in complex scenes. *International Journal of Computer Vision*,2015,111:153-170.

[3] Felzenszwalb P F,Huttenlocher D P. Efficient graph-based image segmentation. *International Journal of Computer Vision*,2004,59:167-181.

[4] Tan K S,Isa N A M. Color image segmentation using histogram thresholding-fuzzy c-means hybrid approach. *Pattern Recognition*,2011,44:1-15.

[5] Cheng H D,Jiang X,Wang J. Color image segmentation based on homogram thresholding and region merging. *Pattern Recognition*,2002,35:373-393.

[6] Arbelaez P,Maire M,Fowlkes C,et al. Contour detection and hierarchical image segmentation. *IEEE Transactions on Pattern Analysis and Machine Intelligence*,2011,33:898-916.

[7] Mignotte M. A label field fusion bayesian model and its penalized maximum rand estimator for image segmentation. *IEEE Transactions on Image* Processing,2010,19:1610-1624.

[8] Lei T,Jia X,Zhang Y,et al. Significantly fast and robust fuzzy C-means clustering algorithm based on

[9] Sezgin M, Sankur B. Survey over image thresholding techniques and quantitative performance evaluation. *Journal of Electronic Imaging*, 2004, 13: 146-168.

[10] Zhang X, Xu C, Li M, et al. Sparse and low-rank coupling image segmentation model via nonconvex regularization. *International Journal of Pattern Recognition and Artificial Intelligence*, 2015, 29: 1-22.

[11] Dirami A, Hammouche K, Diaf M, et al. Fast multilevel thresholding for image segmentation through a multiphase level set method. *Signal Processing*, 2013, 93: 139-153.

[12] Krinidis M, Pitas I. Color texture segmentation based on the modal energy of deformable surfaces. *IEEE Transactions on Inage Processing*, 2009, 18: 1613-1622.

[13] Yu Z, Au O C, Zou R, et al. An adaptive unsupervised approach toward pixel clustering and color image segmentation. *Pattern Recognition*, 2010, 43: 1889-1906.

[14] Lei T, Jia X, Zhang Y, et al. Significantly fast and robust fuzzy C-means clustering algorithm based on morphological reconstruction and membership filtering. *IEEE Transactions on Fuzzy Systems*, 2018, 26(5): 3027-3041.

[15] Han Y, Feng X C, Baciu G. Variational and pca based natural image segmentation. *Pattern Recognition*, 2013, 46: 1971-1984.

[16] Abutaleb A S. Automatic thresholding of gray-level pictures using twodimensional entropy. *Computer Vision, Graphics, and Image Processing*, 1989, 47: 22-32.

[17] Ishak AB. Choosing parameters for rényi and tsallis entropies within a two-dimensional multilevel image segmentation framework. *Physica A*, 2017, 466: 521-536.

[18] Brink A. Thresholding of digital images using two-dimensional entropies. *Pattern Recognition*, 1992, 25: 803-808.

[19] Sarkar S, Das S. Multilevel image thresholding based on 2d histogram and maximum tsallis entropy-a differential evolution approach. *IEEE Transactions on Image Processing*, 2013, 22: 4788-4797.

[20] Nakib A, Roman S, Oulhadj H, et al. Fast brain mri segmentation based on two-dimensional survival exponential entropy and particle swarm optimization. In: *Proceedings of the International Conference on Engineering in Medicine and Biology Society*, 2007.

[21] Zhao X, Turk M, Li W, et al. A multilevel image thresholding segmentation algorithm based on two-dimensional K-L divergence and modified particle swarm optimization. *Applied Soft Computing*, 2016, 48: 151-159.

[22] Brink A. Thresholding of digital images using two-dimensional entropies. *Pattern Recognition*, 1992, 25: 803-808.

[23] Xue-guang W, Shu-hong C. An improved image segmentation algorithm based on two-dimensional otsu method. *Information Sciences Letters*, 2012, 1: 77-83.

[24] Sha C, Hou J, Cui H. A robust 2d otsu's thresholding method in image segmentation. *The Journal of Visual Communication and Image Representation*, 2016, 41: 339-351.

[25] Lei X, Fu A. Two-dimensional maximum entropy image segmentation method based on quantum-behaved particle swarm optimization algorithm. In: *Proceedings of the International Conference on Natural Computation*, 2008.

[26] Yang X S. *Nature-inspired optimization algorithms*. Elsevier, 2014.

[27] Nakib A, Oulhadj H, Siarry P. Image thresholding based on pareto multiobjective optimization. *Engineering Applications of Artificial Intelligence*, 2010, 23: 313-320.

[28] Sarkar S, Das S. Multilevel image thresholding based on 2d histogram and maximum tsallis entropy-a differential evolution approach. *IEEE Transactions on Image Processing*, 2013, 22: 4788-4797.

[29] Cheng H, Chen Y, Jiang X. Thresholding using two-dimensional histogram and fuzzy entropy principle. *IEEE Transactions on Image Processing*, 2000, 9: 732-735.

[30] Tang Y G, Liu D, Guan X P. Fast image segmentation based on particle swarm optimization and two-dimension otsu method. *Control Decision*, 2007, 22: 202-205.

[31] Qi C. Maximum entropy for image segmentation based on an adaptive particle swarm optimization. *Applied Mathematics & Information Sciences*, 2014, 8: 3129-3135.

[32] Kumar S, Sharma T K, Pant M, et al. Adaptive artificial bee colony for segmentation of ct lung images. In: *Proceedings of the International Conference on Recent Advances and Future Trends in Information Technology*, 2012.

[33] Fengjie S, He W, Jieqing F. 2d otsu segmentation algorithm based on simulated annealing genetic algorithm for iced-cable images. In: *Proceedings of the International Forum on Information Technology and Applications*, 2009.

[34] Panda R, Agrawal S, Samantaray L, et al. An evolutionary gray gradient algorithm for multilevel thresholding of brain mr images using soft computing techniques. *Applied Soft Computing*, 2017, 50: 94-108.

[35] Shen X, Zhang Y, Li F. An improved two-dimensional entropic thresholding method based on ant colony genetic algorithm. In: *Proceedings of WRI Global Congress on Intelligent Systems*, 2009.

[36] Oliva D, Cuevas E, Pajares G, et al. A multilevel thresholding algorithm using electromagnetism optimization. *Neurocomputing*, 2014, 139: 357-381.

[37] Hinojosa S, Dhal K G, Elaziz M A, et al. Entropybased imagery segmentation for breast histology using the Stochastic Fractal Search. *Neurocomputing*, 2018, 321: 201-215.

[38] Yang X S, Deb S. Cuckoo search via Lévy flights. In: 2009 *World Congress on Nature and Biologically Inspired Computing, NABIC 2009-Proceedings*, 2009: 210-214.

[39] Buades A, Coll B, Morel J M. A non-local algorithm for image denoising. In: *Proceedings of the IEEE Computer Society Conference on Computer Vision and Pattern Recognition*, 2005.

[40] Wand M P, Jones M C. *Kernel smoothing*. Springer, 1995.

[41] Chacón J E. Data-driven choice of the smoothing parametrization for kernel density estimators. *Canadian Journal of Statistics*, 2009, 37: 249-265.

[42] Duong K S. Kernel density estimation and Kernel discriminant analysis for multivariate data in R. *Journal of Statistical Software*, 2007, 21: 1-16.

[43] Gramacki A. *Nonparametric kernel density estimation and its computational aspects*. Springer, 2018.

[44] Cheng Y Z. Mean shift, mode seeking, and clustering. *IEEE Transactions on Pattern Analysis and Machine Intelligence*, 1995, 17(8): 790-799.

[45] Guo Y, Şengür A, Akbulut Y, et al. An effective color image segmentation approach using neutrosophic adaptive mean shift clustering. *Measurement*, 2018, 119: 28-40.

[46] Comaniciu D, Meer P. Meanshift: a robust approach toward feature space analysis. *IEEE Transactions on Pattern Analysis and Machine Intelligence*, 2002, 24(5): 603-619.

[47] Domingues G, Bischof H, Beichel R. Fast 3D mean shift filter for CT images. In: *Proceedings of Scandinavian conference on image analysis*, Sweden, 2003: 438-445.

[48] Tao W B, Liu J. Unified mean shift segmentation and graph region merging algorithm for infrared ship target segmentation. *Optical Engineering*, 2007, 46: 12.

[49] Park J H, Lee G S, Park S Y. Color image segmentation using adaptive mean shift and statistical model-based methods. *Computers & Mathematics with Applications*, 2009, 57: 970-980.

[50] Fisher M A, Bolles R C. Random sample consensus: A paradigm for model fitting with applications to image analysis and automated cartography. *Communications of the ACM*, 1981, 24(6): 381-395.

[51] Xu L, Oja E, Kultanen P. A new curve detection method: Randomized hough transform (RHT). *Pattern Recognition Letters*, 1990, 11(5): 331-338.

[52] Horová I, Koláček J, Zelinka, J. *Kernel smoothing in MATLAB*. World Scientific, 2012.

[53] Cheng Y. Mean shift, mode seeking, and clustering. *IEEE Transactions on Pattern Analysis and Machine Intelligence*, 1995, 17(8): 790-799.

[54] Fashing M, Tomasi C. Mean shift is a bound optimization. *IEEE Transactions on Pattern Analysis and Machine Intelligence*, 2005, 27(3): 471-474.

[55] Buades A, Coll B, Morel J M. A non-local algorithm for image denoising. In: *Proceedings of IEEE Computer Society Conference on Computer Vision and Pattern Recognition*, 2005: 3-10.

[56] Paciencia T, Bihl T, Bauer K. Improved N-dimensional data visualization from hyper-radial values. *Journal of Algorithms & Computational, Technology*, 2019, 3: 1-20.

[57] Guisande C, Vaamonde A, Barreiro A. *Tratamiento de datos con R, STATISTICA y SPSS*. Diaz de Santos, 2011.

[58] Satopa V, Albrecht J, Irwin D, et al. Finding a "kneedle" in a haystack: Detecting knee points in system behavior. In: *31st International Conference on Distributed Computing Systems Workshops*, 2011: 166-171.

[59] Zhao Q, Xu M, Fränti P. Knee point detection on Bayesian information criterion. In: *20th IEEE International Conference on Tools With Artificial Intelligence*, 2008: 431-438.

[60] https://www2.eecs.berkeley.edu/Research/Projects/CS/vision/bsds/.

[61] Luo Y, Zhang K, Chai Y, et al. Muiti-parameter-setting based on data original distribution for DENCLUE optimization. *IEEE Access*, 2018, 6: 16704-16711.

[62] Cuevas E, Becerra H, Luque A. Anisotropic diffusion filtering through multi-objective optimization. *Mathematics and Computers in Simulation*, 2021, 181: 410-429.

视频

第6章

图像处理中的奇异值分解

6.1 引言

一般来说,奇异值分解(SVD)表示对快速傅里叶变换(FFT)数学概念的推广[1]。FFT 是许多经典分析和数值结果的基础。但是,它的操作假设了理想化的配置或数据。另外, SVD 是基于完整数据的通用技术[2]。

在不同的知识领域中,复杂系统会产生可以被组织成高维数组的信息。例如,一个实验可以被组织为一个表示时间序列数据的矩阵,其中列包含所有输出测度。另外,如果在每个时刻的数据是多维的,如在空气动力学的仿真中,可以将数据组织到高维矩阵中,构成仿真测度的列。类似地,一幅灰度图像像素的值可以存储在一个矩阵中,或将这些像素重新排列到矩阵的大的列矢量中以表达整个图像。尽管看起来有些不像图像,但这样生成的数据可以通过提取其占主导地位的描述所包含信息的模式而简化,并可能会使高维度变得无关紧要。SVD 是一个在数值上从这些数据提取模式的鲁棒和有效方法。本章将介绍 SVD,并用若干例子解释如何将 SVD 应用于图像。

图像包含大量的测度(像素)且是一个高维矢量。但是,大多数图像可高度压缩,这意味着相关信息可用维数小很多的子空间表达。物理系统也提供了令人信服的用低维结构表示高维空间的示例。尽管高可靠性系统仿真需要成千上万个自由度,但常有颠覆性结构可以把它们减少到仅剩几个。

SVD 通过一种系统的方法以确定对占主导地位模式的高维数据的低维近似。这个技术是数据驱动的,模式仅从数据发现,而无须专家的知识或启发。SVD 数值上稳定并提供了用数据中占主导地位的相关而定义的新坐标系中对数据的分层表达。进一步地,SVD 保证了对任何矩阵的存在性,与纯粹的分解不同。

SVD 分解在对数据维数降维之外还有许多应用。它还用于计算非方形矩阵的伪逆。用这种方式,提供了对不确定或过确定(over-determined)矩阵方程 $Ax=b$ 类型的解。SVD 分解还可用于对数据集去噪。

假设有一个大的数据集 X,$X \in \mathbf{R}^{m \times n}$:

$$\boldsymbol{X} = [\boldsymbol{x}_1, \cdots, \boldsymbol{x}_m] \quad (6.1)$$

每个元素 $x \in \mathbf{R}^n$ 的列可以表达仿真或实验的值。列的值可以包含图像的重新排列成矢量的灰度像素。这些矢量的值也可以包含物理系统随时间演进的状态，如系统在一组离散点的速度。

指标 i 代表在 $\boldsymbol{X}$ 中包含的测度集合数 i。注意，存储在 $\boldsymbol{X}$ 中各个矢量的维数 n 非常大，达到上千自由度量级。每个矢量 $\boldsymbol{x}_i$ 称为一个样本，m 是 $\boldsymbol{X}$ 中样本的数量。一般对许多系统都有 $n \gg m$，这导致一个高而细/窄的矩阵。

SVD 分解是一个具有唯一性的矩阵分解，可从每个矩阵 $\boldsymbol{X} \in \mathbf{R}^{m \times n}$ 中提取出来：

$$\boldsymbol{X} = \boldsymbol{U\Sigma V} \quad (6.2)$$

其中，$\boldsymbol{U} \in \mathbf{R}^{n \times n}$ 和 $\boldsymbol{V} \in \mathbf{R}^{m \times m}$ 定义为具有正交列的酉矩阵；$\boldsymbol{\Sigma} \in \mathbf{R}^{m \times n}$ 是一个对角线上为正值而对角线外为 0 的矩阵。

如果 $n \geqslant m$，则矩阵对角线上最多有 m 个非零元素，可以写成：

$$\boldsymbol{\Sigma} = \begin{bmatrix} \overline{\boldsymbol{\Sigma}} \\ 0 \end{bmatrix} \quad (6.3)$$

根据这个公式，有可能使用一个较简单版本的 SVD 来表示矩阵 $\boldsymbol{X}$。这个版本称为经济版本，可根据下列模型来构建：

$$\boldsymbol{X} = \boldsymbol{U\Sigma V} = \begin{bmatrix} \overline{\boldsymbol{U}} & \boldsymbol{U}^\perp \end{bmatrix} \begin{bmatrix} \overline{\boldsymbol{\Sigma}} \\ 0 \end{bmatrix} \boldsymbol{V} = \overline{\boldsymbol{U}} \overline{\boldsymbol{\Sigma}} \boldsymbol{V} \quad (6.4)$$

图 6.1 可视化地展示了通用的 SVD 分解和简单分解。属于矩阵 $\boldsymbol{U}^\perp$ 的列对应与矩阵 $\overline{\boldsymbol{U}}$ 相补并正交的矢量。矩阵 $\boldsymbol{U}$ 的列称为在原始矩阵 $\boldsymbol{X}$ 左方的奇异矢量。另外，矩阵 $\boldsymbol{V}$ 的列称为在原始矩阵 $\boldsymbol{X}$ 右方的奇异矢量。最后，矩阵 $\overline{\boldsymbol{\Sigma}} \in \mathbf{R}^{m \times m}$ 称为奇异值。一般将本征值从大到小排列。具有较高值的本征值表明它比具有较低值的本征值更好地解释了存储在 $\boldsymbol{X}$ 中的原始数据的变化性。$\boldsymbol{X}$ 的范围必须等于 $\overline{\boldsymbol{\Sigma}}$ 中不为 0 的奇异值个数。

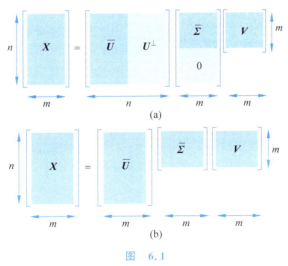

图 6.1
(a) 通用分解过程；(b) 简单分解过程

6.2 计算 SVD 元素

SVD 代表不同科学和工程领域中最重要的概念之一。对 SVD 的计算非常重要，以至于大多数编程语言或计算包都实现了对它计算的函数[3]。

在 MATLAB 中，函数 svd 就是所实现的计算一个矩阵的完整或通用 SVD 的函数。

```
[S,V,D] = svd(X);
```

也可以使用下列命令计算一个简单版本的 SVD 结果

```
[S,V,D] = svd(X,'econ');
```

6.3 数据集的近似

SVD 的最重要特征是它允许从高维数据集 X 获得一个低维的最优近似 $\widetilde{X}$。利用从 SVD 得到的结果，可以获得数据集的近似秩 r，它代表仅考虑前 r 个不同的矢量并丢弃剩下的 $n-r$ 个矢量的结果。

对 SVD 分解的使用可以推广到函数之间的空间。埃查特·杨提出了一个通过截断维数来构建分解近似的理论。在最小均方意义下，为截断数据矩阵的最优近似 $\widetilde{X}$ 是通过下列公式构建的：

$$\min \| X - \widetilde{X} \| = \widetilde{U} \widetilde{\Sigma} \widetilde{V} \tag{6.5}$$

其中，矩阵 $\widetilde{U}$ 和 $\widetilde{V}$ 分别代表矩阵 U 和 V 的前 r 个列和行矢量。矩阵 $\widetilde{\Sigma}$ 包含原始矩阵 Σ 的前 $r \times r$ 个元素构成的块。由此可见，仅考虑结合各个矩阵 U、V 和 Σ 的前 r 个元素就可定义近似数据矢量 $\widetilde{X}$。这可写成：

$$\widetilde{X} = \sum_{i=1}^{r} \sigma_i \boldsymbol{u}_i \boldsymbol{v}_i = \sigma_1 \boldsymbol{u}_1 \boldsymbol{v}_1 + \cdots + \sigma_r \boldsymbol{u}_r \boldsymbol{v}_r \tag{6.6}$$

其中，$\boldsymbol{u}_i$ 代表矩阵 U 的第 i 列，$\boldsymbol{v}_i$ 代表矩阵 V 的第 i 行；σ_i 对应矩阵 Σ 的主对角线的值 i。通过截断计算 SVD 的近似过程可用图 6.2 表示。

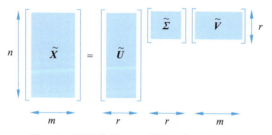

图 6.2 通过截断 SVD 分解进行过程近似

6.4 SVD 用于图像压缩

SVD 对数据集的近似特性可用于压缩图像[4]。这个特性表示大型数据集保持一致模式的事实,允许仅通过这些模式的存在来近似数据集的总信息。图像代表具有一致模式和冗余信息的大型数据集。一幅灰度图像可看作是一个实值矩阵 $\boldsymbol{X} \in \mathbf{R}^{m \times n}$,其中,$m$ 和 n 分别表示行和列的数量。

考虑图 6.3 中的图像。该图像分辨率为 960×1208 pixel。为观察到压缩效果,将该图像分解为它的 SVD 分量。为此,假设该图像存于 MATLAB 变量 I1 中,可执行下列命令:

```
X = I1;
[S,V,D] = svd(X);
```

一旦图像被分解为它的分量 S、V 和 D,图像就可用不同截断程度的矩阵来近似。为观察理解这些程度,选取 $r = 15, 50, 100$。为观察这些近似,需要执行程序 6.1 的 MATLAB 代码。

程序 6.1　使用奇异值分解压缩图像

```
%%%%%%%%%%%%%%%%%%%%%%%%%%%%%%%%%%%%%%%%%%%%%%%%%%%%%
%%%
% Program to calculate the SVD decomposition
% for image compression proposes.
%%%%%%%%%%%%%%%%%%%%%%%%%%%%%%%%%%%%%%%%%%%%%%%%%%%%%
%%%
% Erik Cuevas, Alma Rodríguez
%%%%%%%%%%%%%%%%%%%%%%%%%%%%%%%%%%%%%%%%%%%%%%%%%%%%%
%%%
% Acquire the image
Im = imread('I1.jpeg');
% Convert the image to grayscale
I1 = rgb2gray(Im);
% Convert image to floating point
X = double(I1);
% Get SVD components
[U,S,V] = svd(X);
% The truncation point is defined
r = 15;
% The approximate data matrix is obtained with only r = 15
elements
Xapprox15 = U(:,1:r) * S(1:r,1:r) * V(:,1:r)';
% Converts the data array to integer
IR15 = mat2gray(Xapprox);
% The image is shown
imshow(IR15)
r = 50;
% The approximate data matrix is obtained with only r = 50 elements
Xapprox50 = U(:,1:r) * S(1:r,1:r) * V(:,1:r)';
% Converts the data array to integer
```

```
IR50 = mat2gray(Xapprox50);
figure;
% The image is shown
imshow(IR50)
r = 100;
% The approximate data matrix is obtained with only r = 15 elements
Xapprox100 = U(:,1:r) * S(1:r,1:r) * V(:,1:r)';
% Converts the data array to integer
IR100 = mat2gray(Xapprox100);
figure;
% The image is shown
imshow(IR100)
```

需要解释程序 6.1 中的两个重要元素。第 1 个非常重要的是将表达图像像素的值转换为浮点数。图像通常表达成数字形式，允许各个像素有一个 0～255 的值。这个数值范围对应整数。由于这个原因图像值定义为整数。但是，为将图像分解为它的 SVD 分量，需要按浮点数操作数组中的信息。为实现这个过程，要使用 MATLAB 中的函数 double。另外，一旦构建了矩阵，考虑用截断程度 r 近似数据 $\widetilde{X}$，就需要转换数据为整数类型以允许图像的表达。这个过程要通过 MATLAB 函数 mat2gray 来实现。

图 6.3 给出对应不同截断程度 r 的近似矩阵。在 $r=15$ 的情况，该模型只用了非常少的信息来重建。结果是图像中的目标很难被感知。在 $r=50$ 的情况，尽管只考虑了 50% 的元素，但是看起来已足够分辨图像中的目标和字符。最后，在 $r=100$ 的情况，图像实际上已是原始图像。

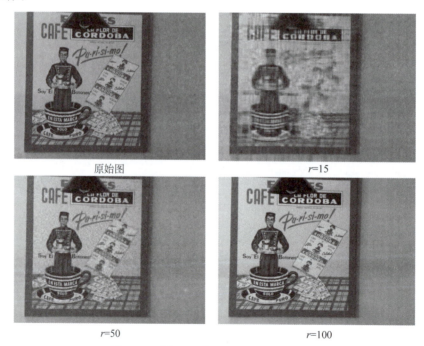

图 6.3　对应不同截断程度 r 的近似矩阵

6.5 主分量分析

降维是多变量分析方法的一个最重要问题[5]。它一般可表示为：是否有可能通过使用比观察到的变量数量更少个数的变量来描述某些数据中所包含的信息？

主分量分析（PCA）从一个（中心化的）n 行和 p 列的数据矩阵出发，该矩阵可被考虑成一个来自维数为 p 的随机矢量的、尺寸为 n 的采样：

$$\boldsymbol{X} = [X_1, \cdots, X_p]^\mathrm{T} \tag{6.7}$$

考虑 $\boldsymbol{X}$ 的一个线性（单变量的）组合：

$$\boldsymbol{y} = \boldsymbol{X}^\mathrm{T} \boldsymbol{t} \tag{6.8}$$

其中，t 是一个维数为 p 的权重矢量。第 1 个主分量是发现能相对于归一化条件 $\boldsymbol{t}^\mathrm{T}\boldsymbol{t}=1$ 最大化 $\boldsymbol{Y}$ 的方差的解。换句话说，作为权重函数 t 的表达 $\mathrm{var}(\boldsymbol{Y})$ 传导了一个变分问题，其解为第 1 个主分量。这个问题等价于发现 $\boldsymbol{X}$ 的协方差矩阵的本征值和本征矢量。因此，后续的主分量可以从对角化 $\boldsymbol{X}$ 的协方差矩阵来得到：

$$\boldsymbol{S} = \boldsymbol{T}\boldsymbol{\Lambda}\boldsymbol{T}' \tag{6.9}$$

其中，$\boldsymbol{T}$ 是一个 $p \times p$ 的正交矩阵，其列是主分量的系数。

6.6 协方差主分量

为举例描述这些概念，假设如下协方差矩阵：

$$\boldsymbol{\Sigma} = \begin{bmatrix} 3 & 1 & 1 \\ 1 & 3 & 1 \\ 1 & 1 & 5 \end{bmatrix} \tag{6.10}$$

这个矩阵对应零均值随机矢量 $\boldsymbol{X} = (X_1, X_2, X_3)$。

为在 MATLAB 中计算 $\boldsymbol{\Sigma}$ 的本征值和本征矢量，可以使用函数 eig 计算一个矩阵的本征值。

```
A = [3 1 1; 1 3 1; 1 1 5];
eig_values = eig(A);
```

从高到低排列的 $\boldsymbol{\Sigma}$ 的本征值为 $\lambda_1 = 6$、$\lambda_2 = 3$ 和 $\lambda_3 = 2$。对应的归一化的本征矢量为 $e_1 = [1,1,2]^\mathrm{T}/\sqrt{6}$、$e_2 = [1,1,-1]^\mathrm{T}/\sqrt{3}$ 和 $e_3 = [1,-1,0]^\mathrm{T}/\sqrt{2}$。

描述各个分量总方差的比例由矢量 $\boldsymbol{Y} = [Y_1, Y_2, Y_3]^\mathrm{T}$ 指定。它的主要分量如下：

$$Y_1 = \boldsymbol{e}_1^\mathrm{T} \boldsymbol{X} = \frac{1}{\sqrt{6}}(X_1 + X_2 + X_3)$$

$$Y_2 = \boldsymbol{e}_2^\mathrm{T} \boldsymbol{X} = \frac{1}{\sqrt{3}}(X_1 + X_2 - X_3) \tag{6.11}$$

$$Y_3 = \boldsymbol{e}_3^\mathrm{T} \boldsymbol{X} = \frac{1}{\sqrt{2}}(X_1 - X_2)$$

总的方差为

$$\mathrm{VT}(\boldsymbol{\Sigma}) = \mathrm{tr}(\boldsymbol{\Sigma}) = 11 \tag{6.12}$$

用第1个主分量描述的 VT(Σ) 比例是

$$\frac{\text{var}(Y_1)}{\text{VT}(\Sigma)} = \frac{\lambda_1}{11} \approx 54.5\% \tag{6.13}$$

类似地,用 Y_2 和 Y_3 描述的 VT(Σ) 比例分别是 27.3% 和 18.2%。

来自原始矢量 X 的数据表达在前两个主分量平面上,特别在观测值 $x = [2,2,1]^T$ 中。为在 Y_1 和 Y_2 平面表示 X,X 的标量积必须用 e_1 和 e_2 给出的方向得到。对 x,结果是点 $(y_1, y_2) = (\sqrt{6}, \sqrt{3})$。

给定表 6.1 的数据,考虑变量 X_1 = 抵押期限,变量 X_2 = 价格,记 $X = [X_1, X_2]^T$。

表 6.1 为进行主分量分析的计算数据

数据	X_1	X_2
1	8.7	0.3
2	14.3	0.9
3	18.9	1.8
4	19.0	0.8
5	20.5	0.9
6	14.7	1.1
7	18.8	2.5
8	37.3	2.7
9	12.6	1.3
10	25.7	3.4

在 MATLAB 中,可以使用函数 cov() 来计算一个数据集的协方差矩阵。该函数有两个输入:一个 $n \times p$ 矩阵的数据,其中 n 是观察次数,p 是变量个数;一个指定数据如何放缩的可选参数(默认值为 'unbiased')。

考虑矩阵 X 中的数据如表 6.1 所示,可以计算协方差矩阵如下:

S = cov(X);

这将返回协方差矩阵 S,它是一个 $p \times p$ 的矩阵,其中,元素 (i, j) 是第 i 个和第 j 个数据中变量的协方差。根据表 6.1 的数据,协方差矩阵为

$$S = \begin{bmatrix} 56.97 & 5.17 \\ 5.17 & 0.89 \end{bmatrix} \tag{6.14}$$

另外,数据相关表示两个或多个变量互相关联的程度。它是一个范围为 $-1 \sim 1$ 的统计测度,其中,-1 指示理想的负相关,0 指示没有相关,1 指示理想的正相关。一个正相关表示当一个变量增加时,其他变量也增加;一个负相关表示当一个变量增加时,其他变量减少。相关可用于数据中的模式和关联。

在 MATLAB 中,可以使用函数 corr() 计算两个变量之间的相关。函数用两个矢量或矩阵作为输入并返回相关系数。例如,如果希望计算两个矢量 x 和 y 的相关,可以使用如下代码:

r = corr(x,y);

这将返回两个矢量 x 和 y 之间的相关系数 r。还可以计算矩阵中一组变量的相关矩阵。

例如,如果有一个具有若干代表不同变量的列的矩阵 A,可以使用如下代码:

```
R = corr(A);
```

这将返回一个矩阵 R,其中在位置 (i,j) 的元素给出 A 中第 i 列和第 j 列之间的相关。注意,函数 corr 默认使用皮尔逊相关系数,其假设数据是正态分布的且变量之间是线性联系。如果数据不满足这些假设,则可以使用其他类别的相关。

协方差和相关是两个密切联系的概念。协方差测量两个变量同时变化的程度。正的协方差指示变量趋于同时增加或减少;而负的协方差指示变量趋于向不同方向移动。协方差的测量单位是两个变量单位的乘积。

另外,相关是一个测量两个变量相联系程度的标准测度。它是两个变量对它们标准差乘积的协方差的比例。相关取值为 $-1 \sim 1$,其中,-1 指示理想的线性负相关,0 指示不相关、1 指示理想的线性正相关。

协方差和相关都对理解两个变量之间的联系非常有用,但相关一般对比较不同变量对之间的联系强度更有用,因为它是标准化的且独立于测量单位。可以从一个给定相关矩阵使用下式计算协方差矩阵:

$$S = DRD \tag{6.15}$$

其中,R 是相关矩阵,D 是标准差的对角矩阵,S 是协方差矩阵。

考虑表 6.1 中元素的平均值 $\bar{X}$ 为 $[19.05, 1.57]^T$,S 的本征值定义为 $\lambda_1 = 57.44$ 和 $\lambda_2 = 0.42$。对应的归一化的本征矢量 $e_1 \approx [0.99, 0.09]^T$ 和 $e_2 \approx [0.09, -0.99]^T$。因此,$S$ 的主分量包括:

$$\begin{cases} Y_1 = e_1^T(X - \bar{X}) = 0.99(X_1 - 19.05) + 0.09(X_2 - 0.42) \\ Y_2 = e_2^T(X - \bar{X}) = 0.09(X_1 - 19.05) - 0.99(X_2 - 0.42) \end{cases} \tag{6.16}$$

主分量的方差由 S 的本征值定义:

$$\text{var}(Y_1) = \lambda_1 = 57.44, \quad \text{var}(Y_2) = \lambda_2 = 0.42 \tag{6.17}$$

由 Y_1 描述的方差比例是 $\text{var}(Y_1)/\text{VT}(S) \approx 99\%$。

Y_1 和 Y_k 之间的相关比例 $\text{corr}(Y_1, Y_k)$,$k = 1, 2$,可计算如下:

$$\text{corr}(Y_1, Y_k) = \frac{e_{11}\sqrt{\lambda_1}}{\sqrt{s_{11}}} = \frac{0.99\sqrt{57.44}}{\sqrt{56.97}} \approx 0.99 \tag{6.18}$$

$$\text{corr}(Y_1, Y_k) = \frac{e_{12}\sqrt{\lambda_1}}{\sqrt{s_{22}}} = 0.72 \tag{6.19}$$

第一主分量(基本上是 X_1)解释了系统可变性的很大一部分,这是由于 X_1 的样本方差远大于 X_2 的样本方差,这使得在矢量 e_1 给出的方向上的方差要大得多。在这种情况下,标准化数据和在所得矩阵上执行一个新的 PCA 都很方便。这等价于从相关矩阵获得主分量。

6.7 相关主分量

通过相关矩阵 R 计算主分量也是可能的。为示例化这个概念,考虑表 6.1 的数据。通过使用函数 corr,可以获得下列矩阵:

$$\boldsymbol{R} = \begin{bmatrix} 1 & 0.72 \\ 0.72 & 1 \end{bmatrix} \tag{6.20}$$

$\boldsymbol{R}$ 的本征值为 $\lambda_1 = 1.72$ 和 $\lambda_2 = 0.28$，本征矢量为

$$\boldsymbol{e}_1 = [0.71, 0.71]^T, \quad \boldsymbol{e}_2 = [-0.71, 0.71]^T \tag{6.21}$$

因此，可从 $\boldsymbol{R}$ 计算主分量如下：

$$\begin{aligned} Y_1 &= \boldsymbol{e}_1^T \boldsymbol{Z} = 0.71 Z_1 + 0.71 Z_2 \\ Y_2 &= \boldsymbol{e}_2^T \boldsymbol{Z} = -0.71 Z_1 + 0.71 Z_2 \end{aligned} \tag{6.22}$$

其中，$Z_1 = (X_1 - 19.05)/7.55$，$Z_2 = (X_2 - 1.57)/0.94$，而 $\boldsymbol{Z} = (Z_1, Z_2)$ 是 $\boldsymbol{X}$ 标准化的矩阵。

总的变化用 $\mathrm{VT}(\boldsymbol{R}) = \mathrm{tr}(\boldsymbol{R}) = 2$ 测量，由 Y_1 描述的比例是 $\lambda_1/\mathrm{VT}(\boldsymbol{R}) = 1.72/2 = 86\%$。$Y_1$ 和变量 Z_i 之间的相关系数是

$$\mathrm{corr}(Y_1, Z_1) = \frac{e_{11}\sqrt{\lambda_1}}{\sqrt{r_{11}}} = 0.93, \quad \mathrm{corr}(Y_1, Z_2) = 0.93 \tag{6.23}$$

$\boldsymbol{R}$ 的第一个主分量现在赋予变量 X_1 和 X_2 的权重相等。如已讨论的，从 $\boldsymbol{R}$ 计算主分量更合适。

确定主分量也可通过 MATLAB 函数实现。为计算主分量，可使用算法 6.1。

算法 6.1 主分量的计算

1. 将数据载入 MATLAB
2. 从对应的列减去各个列数据的平均值。这是为了保证数据以原点为中心(满足 PCA 的需要)
3. 计算数据的斜方差矩阵。这可借助 MATLAB 函数 cov
4. 计算斜方差矩阵的本征矢量和本征值。这可借助 MATLAB 函数 eig。本征矢量是主分量，本征值是数据沿各个主分量的方差
5. 将本征矢量和本征值按本征值递减排列。这将给出本征矢量按重要性的排列，其中第一个主分量具有最大的方差
6. 通过将数据矩阵与本征矢量矩阵相乘而将数据投影到主分量上
7. 可以使用 MATLAB 中的散射函数将数据投影到 PCA 空间而可视化

注意，PCA 是一个有力的工具，但使用时要小心。它对数据尺度敏感，因此建议先标准化数据再使用 PCA。它仅能用于线性联系，因此它有可能对一定类型的数据或问题不合适。

程序 6.2 中的代码展示了从数据矩阵 $\boldsymbol{A}$ 确定主分量所需执行的必要步骤。

程序 6.2 确定主分量

```
% Load the data into a matrix
data = A;
% Subtract the mean of each column from the data
data = bsxfun(@minus,data,mean(data));
% Compute the covariance matrix
cov_matrix = cov(data);
% Compute the eigenvectors and eigenvalues of the covariance matrix
[eigenvectors,eigenvalues] = eig(cov_matrix);
% Sort the eigenvectors and eigenvalues in descending order
[eigenvalues,index] = sort(diag(eigenvalues),'descend');
eigenvectors = eigenvectors(:,index);
% Project the data onto the principal components
```

```
projected_data = data * eigenvectors;
% Visualize the data in the PCA space
scatter(projected_data(:,1),projected_data(:,2));
xlabel('First Principal Component');
ylabel('Second Principal Component');
```

参考文献

[1] Brigham E O. *The fast Fourier transform and its applications*. Prentice-Hall, Inc, 1988.
[2] Henry E R, Hofrichter J. Singular value decomposition: Application to analysis of experimental data. In *Methods in enzymology*. Academic Press, 1992, 210: 129-192.
[3] Van Loan C F. Generalizing the singular value decomposition. *SIAM Journal on Numerical Analysis*, 1976, 13(1): 76-83.
[4] Tian M, Luo S W, Liao L Z. An investigation into using singular value decomposition as a method of image compression. In 2005 *International conference on machine learning and cybernetics*. IEEE, 2005, 8: 5200-5204.
[5] Abdi H, Williams L J. Principal component analysis. *Wiley Interdisciplinary Reviews: Computational Statistics*, 2010, 2(4): 433-459.